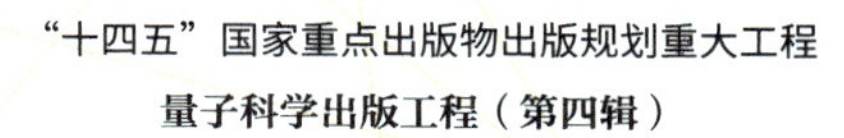

Frontiers in Complex Quantum Dynamics

王文阁　编著

复杂量子动力学前沿

中国科学技术大学出版社

内 容 简 介

在量子科技快速发展的今天，量子科技的物理基础中依然存在许多前沿问题有待突破. 本书主要针对与复杂量子系统相关的一些重要问题进行导引性介绍，核心内容涉及三个领域——量子混沌、环境诱导的退相干以及热化与量子热力学，对于物理专业的高年级本科生、研究生以及博士后，乃至其他专业的物理学研究者都具有较高的参考价值.

图书在版编目(CIP)数据

复杂量子动力学前沿/王文阁编著. —合肥：中国科学技术大学出版社，2024.6
(量子科学出版工程. 第四辑)
国家出版基金项目
“十四五”国家重点出版物出版规划重大工程
ISBN 978-7-312-05957-5

Ⅰ. 复…　Ⅱ. 王…　Ⅲ. 量子力学—研究　Ⅳ. O413.1

中国国家版本馆 CIP 数据核字(2024)第 075279 号

复杂量子动力学前沿
FUZA LIANGZI DONGLIXUE QIANYAN

出版　中国科学技术大学出版社
安徽省合肥市金寨路 96 号，230026
http://press.ustc.edu.cn
https://zgkxjsdxcbs.tmall.com
印刷　合肥华苑印刷包装有限公司
发行　中国科学技术大学出版社
开本　787 mm×1092 mm　1/16
印张　8.25
字数　190 千
版次　2024 年 6 月第 1 版
印次　2024 年 6 月第 1 次印刷
定价　60.00 元

前言

凡所谓理论，首先要有基本概念，它们主要源于经验或者旧的理论.然后，要有基本原理，它们叙述或者限定基本概念之间的关系.基本概念与基本原理构成一个基本框架，在其上可以建立理论的其余部分.在人类历史上所建立的众多理论之中，量子理论是科学界描述现实世界的基础理论之一，也是公认极为深奥的理论之一.

本书是以作者在中国科学技术大学讲授“量子物理前沿介绍”与“高等统计物理专题”课程的讲义为基础而写成的.那些课程的目的是介绍量子物理前沿中所遇到的、与复杂量子系统相关的一些重要问题.完成这一任务的难度可想而知，古人所谓“知难而进”，这对我也是一种鼓励.我的基本想法是，以“骨架”方式简述相应领域的现状，让读者有一个大概的了解.希望本书能够让读者领略一些在科研过程中所面临与经历的、深刻且重大的思想方面的挑战.为了达到这一目的，不得不牺牲一些严谨性，特别是，在本书的主体部分基本上不做细致的解析推导.(附录中会包含一些我认为与本书主要内容有一定关联的推导.)同时，上述写作目的也意味着本书的叙述不可能面面俱到，我为由此而产生的、对许多重要工作的忽视而感到抱歉.

本书的核心内容涉及三个领域——量子混沌、环境诱导的退相干以及热化与量子热力学.选取这三个领域来介绍的原因有两个:其一,它们都包含一些在当前国际物理学界受到广泛关注的前沿活跃课题;其二,在过去的三十多年中,本人一直从事上述领域的研究,并且参与或者直接见证过其中的一些重要进展.

本书的目标读者主要为物理专业的高年级本科生、研究生以及博士后,我也希望它能够为其他专业的物理学研究者提供一定的参考.针对上述读者,本书的基本叙述策略如下:第 1 章、第 2 章、第 4 章介绍一些基本概念,第 3 章、第 5 章和第 6 章分别介绍上述三个领域.

重点是第 3 章、第 5 章和第 6 章.每章的第一节是该章内容的引论、概论或者泛论,因而我尽量使用相对浅显的语言,并且尽量避免使用数学语言,希望本科低年级学生、甚至部分高中生都能够理解其基本内容.其后的几节是该章的主要内容,也尽量避免复杂的数学推导,希望其内容能够为本科高年级学生以及研究生所理解.在附录中,给出了较为深入的数学推导,希望对初入相应领域的青年研究者有所助益.

多年前,许多同事与学生就建议我写一本这类的书,又因讲授相关课程而编写了讲义,有了一定的积累.让我最后下定决心完成本书的是中国科学技术大学出版社的编辑,在他们的热情鼓励与督促下,本书最终得以付梓.

我要感谢我的家人(尤其是峻菡女士)与朋友们在写作过程中给予的关心、鼓励与帮助!

王矫教授、顾雁教授、郑强教授、甄一政博士耐心地阅读了书稿,并且给出许多中肯的建议,深表谢意.限于时间、精力与水平,疏忽恐怕难免,如果有任何不妥之处,全部由作者负责.

本书还得到了国家自然科学基金(项目号:12175222)的支持.

目录

第1章

量子态的基本含义与描述

在本章中，我们从物理、认识论和数学三个方面对量子态的基本含义予以初步讨论，描绘一个在后面章节中能够使用的基本图像.

量子态的基本含义是什么？这是一个十分复杂的问题，至少有以下三个原因. 其一，量子现象大都表现于微观层面，而我们人类只能通过复杂的宏观仪器对它们进行很间接的观察，这导致我们对量子态没有什么感性认识. 其二，在量子领域存在一个重要且尚未解决的问题，即所谓测量问题，这导致对量子力学的数学框架可以给予不同的物理诠释. 其三，根据大多数物理学家的理解，量子力学处于人类知识的最基本层面，在这一层面很难对量子态的含义给予认识论定义.

1.1 物理和认识论角度的分析

首先, 我们从认识论的角度对“状态”这一基本概念的含义予以粗浅的分析. 这一分析之所以必要, 是因为微观粒子的性质与我们的日常宏观经验有很大差别.

为什么要引入“状态”这一概念? 为了回答这一问题, 我们来考察几个例子. (1) 在生活与工作中, 当谈论天气的状况、人的精神面貌等的时候, 人们常常使用“状态”一词来指称所遇到或看到的情况. 与大多数生活用词类似, “状态”一词在此种情况下常常具有一定的模糊性, 这是“状态”一词的深刻的心理基础. (2) 在经典力学中, 人们首次对“状态”一词给予了一个明晰的定义, 即对于由点粒子所组成的系统, 其在某一时刻的状态由相空间中的一个点所给出. (3) 在热力学中, 一个热力学系统的平衡态由其态函数来描述.

进一步分析上述例子 (以及其他例子), 我们发现一个共性, 即当谈论状态时, 我们关注的其实是下述问题: 能否利用事物的一些性质 (或属性) 来推测事物的随后变化, 或者对其变化给出一定的解释. 换句话说, 我们引入“状态”一词, 是因为它有助于整理我们的经验与预测未来. 综合这些讨论, 我们认为“状态”概念具有下述基础意义:

- 一个物理系统的状态指的是该系统的一些属性, 利用它们可以预测系统的未来行为.

从历史的角度来看, 在一定程度上, 物理学的发展史就是不断深入认识物理实在的状态的历史. 作为一个典型的例子, 经过玻尔与海森伯等量子物理学家广泛且深入地分析, 人们认识到先验地假设某状态的存在及其性质具有一定的危险性. 比如, 粒子并非在一个确定的时间总会有一个确定的位置.

在量子力学的形式体系中, 粒子的状态是一个基本概念, 不能由其他概念来定义. 这样就产生了一个难题: 我们怎么来描述这样一个基本概念呢? 事实上, 我们真正希望谈论的是粒子状态的表现, 而非该概念本身. 人类的知识体系之所以能够建立, 其基础是下述事实: 一个物理实在有可能处于各种状态, 而这些状态之间并非相互独立的, 这使得有可能利用某些状态来描述其他状态.

从实验的角度我们可以问: 在什么情况下, 可以声称一个粒子具有确定的物理状态呢? 一般而言, 如果一个给定的实验制备方法总是在一定的意义上给出相同的结果, 那么, 可以声称该制备方法在上述意义上确定一个实验状态. (这里, “一定的意义”是指, 比如有确定的测量数值.) 这样确定的实验状态是我们探讨物理系统的状态性质的基础, 也为描述其他状态提供了一个参考.

总之, 对于一个给定的粒子, 我们可以以它的一些状态为基准来描述其他状态. 这些基准状态可以被视为广义的参照系. ① 物理实验状态为基准状态提供了最为基础的选择. 比如, 实验确定的氢原子定态, 为描述氢原子的其他状态提供了一个参照系.

1.2 量子态的数学描述

本节, 我们讨论量子态的数学描述方法. 事实上, 关于量子态, 最为确切的知识来自于其数学描述, 即来自于实验知识的数学化.

数学化的第一步, 是用一定的数学符号来指示或者代表状态. 数学符号的实质是什么? 是用一些符号来指代我们所知道或所思考的东西, 形象地说, 是指代大脑中的图像或者心中的感觉. 数学符号的引入有一定的任意性, 视推演所需而决定. 使用好的符号, 会使推导过程更为容易想象. 例如, 莱布尼茨所引入的微分符号 ($\mathrm{d}x$), 为数学分析带来了众所周知的便利.

对量子态的描述, 我们受益于狄拉克的天才洞察力. 其基本思想是将状态视为一种类似客观存在的东西, 并且用一个记号 $|\psi\rangle$ 来代表它, 也就是说, $|\psi\rangle$ 指代一个客观存在的状态. 狄拉克称 $|\ \rangle$ 为 ket, 中文翻译为右矢. 该记号法的好处是, 既表示了状态的客观性, 又简化了许多运算. ②

对量子态基本性质的推测主要根据实验. 在很多实验中, 人们发现状态的叠加性. 具体而言, 比如, 人们在实验上发现状态 $|\psi_1\rangle$ 与 $|\psi_2\rangle$ 有可能存在, 然后, 又发现可以利用其线性叠加—— $c_1|\psi_1\rangle+c_2|\psi_2\rangle$ (其中 c_1 与 c_2 是适当的参数) 来解释其他的实验. 这类实验导致了量子力学的一个基本假设, 即给定物理系统 (比如一个粒子) 的所有可能状态构成了一个线性空间. 该空间通常称为希尔伯特空间. 直观而言, 在下述方面希尔伯特空间类似于现实的三维空间, 即有垂直概念, 有坐标轴 (在此称为基矢系), 只是希

---

① 在量子信息的一个子领域中, 有人将希尔伯特空间中的任意基矢系称为参照系, 而不考虑其物理内容. 这很容易引起其他领域研究者的误解.

② 波函数 $\psi(\boldsymbol{x})$ 与 $\psi(\boldsymbol{p})$ 所给出的描述, 是 $|\psi\rangle$ 在具体的位置与动量表象中的表示. 在量子力学中对波函数所实施的运算, 如加法、乘法, 以及内积, 其结果其实不依赖于所使用的具体表象.

尔伯特空间的维数往往更大. 希尔伯特空间中的点通常称为矢量, 于是相应的状态称为态矢量 (state vector). ①

态矢量 $|\psi\rangle$ 只是一个抽象的指代. 为了与现实的物理世界建立联系, 需要将它与一些数字关联起来. 我们来看两个例子.

例 1 氢原子具有确定能量的状态, 称为定态, 标记为 $|\alpha\rangle$. 所有定态的集合, 构成了氢原子状态空间的一个基矢系. 于是, 氢原子的一个一般状态可以表示为

$$|\psi\rangle=\sum_{\alpha}\psi_{\alpha}|\alpha\rangle \tag{1.1}$$

例 2 记确定位置的量子态为 $|\boldsymbol{x}\rangle$, 它们构成一套基矢. 在该基矢系中, 态矢量 $|\psi\rangle$ 展开为

$$|\psi\rangle=\int \mathrm{d}\boldsymbol{x}\psi(\boldsymbol{x})|\boldsymbol{x}\rangle \tag{1.2}$$

态矢量 $|\psi\rangle$ 在一个基矢系上的展开系数, 如上述 ψ_{α} 与 $\psi(\boldsymbol{x})$, 称为波函数. 要注意的是, $|\psi\rangle$ 仅仅是对状态的指代, 并非描述, 但是, 波函数给出了状态在给定基矢上的描述.

数学上, 有一套系统的方法, 可以用来从抽象的态矢量产生具体的数字. 狄拉克为此引入了一套十分简便且实用的记号, 其核心是引入所谓左矢 (bra), 记为 $\langle\psi|$, 它们与右矢有一一对应关系. 左矢的集合构成了另外一个线性空间, 称为右矢空间的对偶空间. 根据规定, 将一个左矢与一个右矢关联起来, 就可以产生一个数字, 记为 $\langle\psi|\phi\rangle$, 我们称为数字积. 有的时候, 也用小括号表述, $(\psi,\phi)\equiv(|\psi\rangle,|\phi\rangle)=\langle\psi|\phi\rangle$.

上述左右矢的数字积如果有以下性质:

$$(|\psi\rangle,a|\phi_1\rangle+b|\phi_2\rangle)=a(|\psi\rangle,|\phi_1\rangle)+b(|\psi\rangle,|\phi_2\rangle) \tag{1.3a}$$

$$(\psi,\phi)=(\phi,\psi)^* \tag{1.3b}$$

$$(\psi,\psi)\geqslant 0,\quad \text{其中 } (\psi,\psi)=0 \text{ 当且仅当 } |\psi\rangle=0 \tag{1.3c}$$

则称为内积. 这里, $|\psi\rangle$ 与 $|\phi\rangle$ 是状态空间中的任意矢量, 而 a 与 b 是任意复数. 希尔伯特空间在数学上的定义, 是具有内积的完全复线性空间. 关系式 (1.3b) 要求, 从 $|\psi\rangle$ 变为 $\langle\psi|$ 时必须涉及复共轭运算, 具体而言: ②

$$|\psi\rangle=\sum_{k}c_k|k\rangle\rightarrow\langle\psi|=\sum_{k}\langle k|c_k^* \tag{1.4}$$

① 在经典物理中, 状态对应于相空间中的一个点. 在相空间中, 叠加原理也成立.

② 数学上, 常常将 $\langle\psi|$ 视为一种运算, 也就是说, 它作用于右矢给出一个数字. 这种运算在数学中称为泛函, 因此, 从严谨性的角度, 数学家将左矢视为泛函. 不过, 从物理直观图像与想象的角度, 将左矢空间视为另一个 (等价的) 线性空间, 常常更为方便.

利用内积可以定义正交归一基矢系, 如 $\{|k\rangle\}$, 它满足 $\langle k|k'\rangle = \delta_{kk'}$. 一个有用的公式是恒等算符的下述表示:

$$I = \sum_k |k\rangle\langle k| \quad (1.5)$$

①

它体现了基矢的完备性. 利用上述恒等算符的表示式可以简化许多运算. 比如, 从 $|\psi\rangle = (\sum_k |k\rangle\langle k|)|\psi\rangle$, 可以得到任意态矢量在上述基矢上的展开式:

$$|\psi\rangle = \sum_k c_k|k\rangle, \quad c_k = \langle k|\psi\rangle \quad (1.6)$$

任意线性算符 A 的矩阵表示如下:

$$A = IAI = \sum_{kk'} |k\rangle A_{kk'}\langle k'|, \quad A_{kk'} = \langle k|A|k'\rangle \quad (1.7)$$

量子态空间中, 态矢量内积的基本特点是在幺正变换下不变. 这里, 幺正变换算符的定义为, 其矩阵表示 U_{lk} 的厄米共轭是其逆矩阵. 记幺正变换为 U, 则有 $UU^\dagger = I$. 幺正变换下, $|\psi\rangle \to U|\psi\rangle$, $\langle\psi| \to \langle\psi|U^\dagger$, 其中 $U^\dagger$ 是所谓厄米共轭算符.

1.3 量子态的图像

在前述数学描述的基础之上, 我们讨论想象量子态的方法. 我们将数学与物理的考虑结合起来, 以期得到一个较为实用的方法.

既然人无法直接感觉粒子的存在, 对其想象就只能是间接的. 从形式的角度来看, 一个基本概念的表现只能用它自己来说明. 如果状态空间不是一个线性空间, 上述说法几乎就是废话. 但是, 在物理状态所构成的线性空间中, 物理态之间并不独立. 更为确切地说, 可以利用一个给定的基矢来描述其他状态, 这是我们想象量子态的基础. 事实上, 我们不仅需要想象量子态的波函数, 也需要想象互作用.

由于实验制备或者互作用图像等物理方面的原因, 有一些基矢系具有较为特殊的重要性, 下面我们称之为物理基矢. 比如, 由于互作用的局域性, 不论在广义相对论中还是

① 证明: $I|\psi\rangle = \sum_l |l\rangle\langle l| \sum_k c_k|k\rangle = \sum_{l,k} c_k\delta_{kl}|l\rangle = \sum_l c_l|l\rangle = |\psi\rangle$.

在标准模型中, 位置 (表象) 概念在理论的描述中都起到重要作用. 而在有关自旋链的各种模型 (如伊辛模型、海森伯模型等) 中, 在无互作用自旋的基矢上, 互作用哈密顿量矩阵十分稀疏 (很多零矩阵元).

一个物理态在一个给定基矢系上的描述, 由其展开系数即波函数给出. 我们可以将基矢排列到实轴上, 用一系列的点来代表. (更为一般地, 可以将基矢对应于一个 n 维空间中的点.) 于是, 波函数系数的一个想象方法是, 各个基矢点上有一个小的杆子 (即线段, 其长度正比于系数的绝对值). 对于互作用, 我们可以想象有一些虚的线可以将一些小杆子连接起来. 波函数的性质在很大程度上取决于互作用的耦合方式, 即小杆子的连接方式. 可见, 基矢的摆列方式对于波函数的想象效果至关重要. 比如, 在研究二自由度的系统时, 可以将基矢按照能量在实轴上排列, 也可以将基矢在平面上排列, 而且这样做有时更为方便.

多粒子的量子态具有进一步的复杂性. 我们来讨论可分辨的多粒子. 其量子态具有一个完全不同于经典粒子的特性, 即所谓纠缠, 下面我们以双粒子情况为例来说明. 纠缠现象首先是量子理论的一个数学要求, 其明确的实验验证只是在近 50 年内才出现. 纠缠波函数的数学根源如下：两个自变量 x 与 y 的函数 $f(x,y)$, 一般而言不能表示为一个 x 的函数与一个 y 的函数的乘积. 其物理后果是, 在大多数情况下, 即使知道了两个粒子的整体量子态, 也不能分别赋予两个粒子以独立的量子态. 换句话说, 两个粒子的状态是关联着的.

我们记两个粒子的各自态空间的基矢为 $|\alpha_A\rangle$ 与 $|i_B\rangle$, 则整体态空间有基矢 $|\alpha_A\rangle|i_B\rangle \equiv |\alpha_A i_B\rangle$. (根据通常的记号法, 将两个不同空间中的矢量 $|\psi_A\rangle$ 与 $|\phi_B\rangle$ 并列起来, 即 $|\psi_A\rangle|\phi_B\rangle$, 代表它们的直积.) 两个粒子的一个一般的状态, 记 $|\Psi\rangle$, 写为

$$|\Psi\rangle = \sum_{\alpha i} c_{\alpha i}|\alpha_A i_B\rangle \tag{1.8}$$

其中, $c_{\alpha i}$ 是展开系数, 也即态矢量在上述基矢上的波函数. 上述波函数给出了状态的最为一般的图像, 但不是唯一的想象方法. 比如, 当我们关注对粒子 A 的测量是否会出现状态 $|\alpha_A\rangle$ 的时候, 可以将 $|\Psi\rangle$ 对 $|\alpha_A\rangle$ 展开, 写为

$$|\Psi\rangle = \sum_{\alpha} |\alpha_A\rangle|\psi_{B\alpha}\rangle \tag{1.9}$$

其中

$$|\psi_{B\alpha}\rangle = \sum_{i} c_{\alpha i}|i_B\rangle \tag{1.10}$$

我们可以将 $|\Psi\rangle$ 想象为许多由粒子 A 的 $|\alpha_A\rangle$ 态所确定的分支的集合, 而在每一个分支

里面, 粒子 B 处于由 $|\psi_{B\alpha}\rangle$ 所描述的状态. 在以后讨论退相干现象时, 将常常使用上述图像.

最后, 根据量子力学的一个基本假设, 不可分辨粒子的波函数是对称的 (玻色子) 或者反对称的 (费米子). 这些粒子的波函数的图像太过复杂, 本书不做讨论.

1.4 混合态及其密度矩阵描述

1.4.1 被观测系统的混合态描述

实验室中用来制备量子系统的方案, 常常不能完全确定系统的波函数. 例如, 在核磁共振实验中, 使用大量的原子, 其初态并不能确定到单个核自旋的具体状态, 而只能确定核自旋处于各个可能状态的比率. 又如, 利用两个施特恩–格拉赫实验装置分别产生自旋向上与向下的两束粒子, 其概率为 p_1 与 $p_2(p_1+p_2=1)$. 然后, 将它们在空间的某个区域内混合. 这时, 如果在该区域中随机取一个粒子, 其自旋向上的概率为 p_1. 为了描述与上述类似的情况, 人们引入了混合态的概念.

可以从一般的角度对上述情况进行讨论. 事实上, 根据量子力学形式体系中的测量公理, 在对一个量子系统进行测量之后, 我们对该系统所给出的描述是, **系统以一定的概率 p_i 处于一定的状态** $|\psi_i\rangle$. 通常将对一个量子系统的这类描述称为混合态描述, 它可以记为 $\{p_i,|\psi_i\rangle\}$. 注意, 上述混合态中的 $|\psi_i\rangle$ 之间并非一定正交. 相对地, 希尔伯特空间中的一个态矢量所给出的描述称为纯态.

在物理学的基本理论中如何引入与使用概率, 这不是一件简单的事情, 需要满足至少两个条件：其一, 概率的数值需要有明确的定量定义; 其二, 该定义可以自然地融入物理学的动力学框架之中. (这里, 动力学框架指牛顿方程或者薛定谔方程所提供的框架.)

迄今所知的、解决上述问题的最佳方案, 是利用吉布斯 (Gibbs) 所发明的一个纯思辨性概念——系综.

- 设想 N 个彼此完全独立 (即没有任何关联) 且具有特定的共同性质 ζ 的系统. 记具有 ζ 性质的微观状态为 $|\psi_\alpha\rangle$ $(\alpha=1,2,\cdots)$, 且记处于状态 $|\psi_\alpha\rangle$ 的系统数为 N_α. 若在 $N\to\infty$ 时, 极限 $p_\alpha=\lim\limits_{N\to\infty}N_\alpha/N$ 对所有的 α 都存在, 则称系统的集合为一个系综.

系综概念虽然是纯思辨性的, 却是统计物理学的基本概念之一, 其中 ζ 可以是指系统的微观粒子组成、体积、总能量、总粒子数等等. 在系综概念中, p_α 的数值由独立系统的数量分布给出, 因此, 它还不是概率. 为了给 p_α 赋予概率的含义, 还需要进一步的假设. 通常, 在我们假设某个物理系统可以利用一个系综来描述时

- 才将 p_α 解释为该物理系统处于状态 ψ_α 的概率.

容易看出, 动力学无法将纯态演化为混合态, 因此, 理论处理中通常在初态里引入系综. 利用系综概念, 可以为前述混合态描述 $\{p_\alpha, |\psi_\alpha\rangle\}$ 中的概率赋予一个明确的含义. ①②

1.4.2 混合态的密度算符表示

1. 测量结果的期待值表示

可观测量 O 的期待值, 就是多次测量所得到结果的平均值, 记为 $\overline{O}$. 为了讨论方便, 我们考虑无简并情况. 记 O 的本征值与本征态分别为 a_i 与 $|a_i\rangle$, $O|a_i\rangle = a_i|a_i\rangle$. 考虑一个处于状态 $|\psi\rangle$ 的系统. 量子力学告诉我们, 测量该可观测量而得到结果 a_i 的概率为 $p_i = |\langle a_i|\psi\rangle|^2$. 因此, $\overline{O} = \sum\limits_i p_i a_i$. 可以证明 $\overline{O}$ 有以下表示式:

$$\overline{O} = \langle\psi|O|\psi\rangle \tag{1.11}$$

事实上, 利用 O 的表示式 $O = \sum\limits_i |a_i\rangle a_i \langle a_i|$, 容易看出:

$$\overline{O} = \sum_i a_i |\langle a_i|\psi\rangle|^2 = \sum_i \langle\psi|a_i\rangle a_i \langle a_i|\psi\rangle = \langle\psi|O|\psi\rangle$$

连续谱情况的证明完全类似.

将系统制备于一个态 $|\psi\rangle$, 然后, 对一个可观测量 O 进行测量. 对于测量结果, 我们可以做哪些预测呢? 根据量子力学, 单次测量的结果是 O 的一个本征值, 但是, 具体是哪一个值, 没有办法预测, 除非 $|\psi\rangle$ 已经是 O 的一个本征态. 这样, 一般不能预言具

① 有时人们将上述系综定义中的具有 ζ 性质的系统称为被研究系统的复制品. 如果不明确说明“复制品”一词的定义, 这一称谓有时会带来误解.

② 要注意系综概念的适用范围. 比如, 针对一整个系统 (由所有系统所组成的系统, 如宇宙), 利用系综来描述其初态就没有一个明确且有意义的定义. 对于这样的系统, “混合态”一词的含义也是模糊的.

体的本征值. [①] 因此, 可预测结果必然以概率的形式出现. 我们来考虑算符 O_i, 其定义为 $O_i = |a_i\rangle\langle a_i|$. 容易看出, 对可观测量 O 进行测量而得到 a_i 的概率 p_i 可以写为下述形式:

$$p_i = \langle\psi|O_i|\psi\rangle \tag{1.12}$$

也就是说, p_i 是 O_i 的期待值. 类似地, 可以讨论连续谱情况. 以位置为例, 在 x_0 处测到粒子的概率密度由下述算符给出:

$$\rho(x_0) = |x_0\rangle\langle x_0| \tag{1.13}$$

即 $\langle\psi|\rho(x_0)|\psi\rangle = |\psi(x_0)|^2$. 一般地, 我们有以下结论:

- 对一个系统进行测量, 可预测结果总可以表示为某个可观测量的期待值.

2. 混合态的密度算符描述

对于数学运算而言, 混合态描述 $\{p_\alpha, |\psi_\alpha\rangle\}$ 并不是一个方便的手段. 下面, 我们给出一个简便的算符表示. 为此目的, 我们只需要证明, 对于任意可观测量, 利用该算符所给出的期待值总是等于混合态所预言的期待值.

考虑一个任意的可观测量 O. 容易验证下式:

$$\begin{aligned}\overline{O} &= \sum_i p_i\langle\psi_i|O|\psi_i\rangle = \sum_i p_i\langle\psi_i|O\sum_m|m\rangle\langle m|\psi_i\rangle \\ &= \sum_m\langle m|\left(\sum_i p_i|\psi_i\rangle\langle\psi_i|\right)O|m\rangle\end{aligned} \tag{1.14}$$

其中, $\{|m\rangle\}$ 为一套正交归一基矢系. 我们注意到, 在计算 $\overline{O}$ 时, p_i 与 $|\psi_i\rangle$ 总是以上述固定搭配方式出现. 于是, 引入密度算符 (习惯上也称密度矩阵)

$$\rho = \sum_i p_i|\psi_i\rangle\langle\psi_i| \tag{1.15}$$

这样, $\overline{O}$ 写为

$$\overline{O} = \mathrm{tr}(\rho O) = \sum_m\langle m|\rho O|m\rangle \tag{1.16}$$

由于式 (1.16) 对所有可观测量成立, 混合态 $\{p_i, |\psi_i\rangle\}$ 所能够提供的、有关测量结果的信息, 都包含在算符 ρ 中了, 因此, 算符 ρ 为该混合态提供了一个简便的数学描述. [②]

---

① 我们只讨论可预测结果. 不可预测结果不在理论的预言范围之内.

② 注意一个矩阵的迹是与基矢无关的.

混合态描述的一个例子. 在统计力学中, 有所谓微正则系综与正则系综. 微正则系综, 记为 ρ_{mic}, 指的是系统以相同概率处于给定能区中的每一个能量本征态上. 以 α 记能量本征态, 则

$$\rho_{\mathrm{mic}} = \frac{1}{N_\Gamma} \sum_{\alpha \in \Gamma} |\psi_\alpha\rangle\langle\psi_\alpha| \tag{1.17}$$

其中, Γ 代表一个能区, N_Γ 是该能区中的能级数:

$$N_\Gamma = \sum_{\alpha \in \Gamma} 1 \tag{1.18}$$

正则系综的密度算符记为 ρ_{can}, 其表示式为

$$\rho_{\mathrm{can}} = \frac{1}{Z} \mathrm{e}^{-\beta H} \tag{1.19}$$

其中, H 是系统的哈密顿量, $\beta = 1/(kT)$ (T 为温度), 而 Z 是配分函数, $Z = \mathrm{tr}\,\mathrm{e}^{-\beta H}$. 混合态与密度算符之间关系的更进一步讨论见附录 A.

第 2 章

量子–经典对应

在本章中，我们简单介绍量子–经典对应这一研究领域中的若干基本概念，而不做深入的讨论.

2.1 量子–经典对应

量子–经典对应是一个涉及物理学中众多领域的课题，从原子尺度直至宏观尺度. 在过去的百余年中，它是整个物理学中极为重要的研究课题之一，反复成为备受关注且十分活跃的领域，而且，一个合理的预测是在未来的几十年中仍然如此. 该课题的重要性来自于众多原因，包括但不限于下述较为突出者：(1) 我们所有的直接经验以及最直接的实验结果都来自于所谓经典世界；(2) 在当前的量子力学框架内，测量与测量仪器尚没有明确定义；(3) 经典力学中的推导与计算，常常比量子力学中的相应问题要简单.

关于量子–经典对应，有许多误解乃至错误的说法. 其中之一是，当普朗克常数趋于零时, 量子力学就会过渡到经典力学. 该说法忽略了状态空间的特征. 事实上, 不论普朗克常数有多小, 量子力学的状态空间仍然是希尔伯特空间, 仍然在原则上允许使用该空间中的任意矢量来描述物理系统.

研究量子-经典对应的最为有用的理论, 是所谓的半经典理论, 也称作对量子系统的半经典处理. 其涵盖范围十分广泛, 大体上是指, 在描述量子现象时, 除了普朗克常数之外, 仅仅使用经典物理学中的物理量. 自量子力学创立之初, 半经典理论即已出现. 现在, 半经典理论的形式多种多样, 有些立足于直观, 有些具有较为坚实的数学基础. 其中最为严格者是从量子力学的费曼路径积分表示开始进行推导的. 如果不明确指认, 半经典理论通常指此类理论.

由于所使用的主要是经典物理量, 半经典理论的一个优势是其直观性. 由于这一特点, 半经典理论在对各种实际系统的研究中有着广泛的应用. 在基础学科中, 半经典理论的最主要应用是在量子-经典对应和量子混沌领域.

2.2 半经典理论

我们简要介绍半经典理论的基本思想与图像. 根据作者的科研经验, 该理论的潜力在一些领域中被低估了.

自 20 世纪初量子现象研究伊始, 人们即发现半经典方法的有效性. 该方法的基本思路是, 利用量子系统与经典系统的对应关系, 使用经典相空间中的量以及普朗克常数来表示量子系统的性质. 在各种半经典研究方法中, 最为严格的是从费曼的路径积分出发, 利用稳相近似, 推导半经典传播子 (propagator), 也称范扶累克-古茨维勒 (van Vleck-Gutzwiller) 传播子.

考虑 n 维位形空间中的一个系统, 记其坐标为 q, $q=\{q^i : i=1,\cdots,n\}$. 系统波函数的薛定谔演化总可以形式地写成

$$\psi(q,t)=\int \mathrm{d}q_0 K(q,q_0;t)\psi_0(q_0) \tag{2.1}$$

其中, $\psi_0(q_0)$ 为 $t=0$ 时刻的初态, $K(q,q_0;t)$ 是传播子:

$$K(q,q_0;t)=\langle q|U(t,0)|q_0\rangle \tag{2.2}$$

这里, $U(t,0)$ 是从 0 时刻到 t 时刻的演化算符. 上述传播子可以写为路径积分形式 (具

体表示式见附录 B), 然后, 利用稳相近似 (见附录 C) 来推导半经典传播子.

在推导半经典传播子时会用到一个技巧: 做一个正则变换, 记变换后的广义坐标为 $\widetilde{q}$, 技巧的核心是使得经典轨道成为变换后的坐标之一, 记为 $\widetilde{q}_1$, 而其他坐标记为 $\overline{q}_1$, 于是, $\widetilde{q}=(\widetilde{q}_1,\overline{q}_1)$. 根据哈密顿原理, 经典轨道对应于极值条件 $\delta S=0$. 为了方便, 可以假设经典轨道对应于 $\overline{q}_1=0$. 推导中用到的另一个技巧是, 当 $\overline{q}_1$ 偏离 0 时, 如果作用量 S 的变化相对于 $\hbar$ 而言足够快, 则可以对传播子的路径积分表示式 [见式 (B.5) 的右边] 做稳相近似处理. 然后, 就可以得到下面的 van Vleck-Gutzwiller 半经典传播子[1,2]:

$$K_{\mathrm{sc}}(q,q_0;t)=\sum_s\frac{C_s^{1/2}}{(2\pi\mathrm{i}\hbar)^{d/2}}\exp\left[\frac{\mathrm{i}}{\hbar}S_s(q,q_0;t)-\frac{\mathrm{i}\pi}{2}\mu_s\right] \tag{2.3}$$

其中, $s=s(q,q_0;t)$ 指的是从 q_0 开始、在时间 t 终止于 q 的经典轨道, $S_s(q,q_0;t)$ 是沿轨道 s 的作用量——拉氏量 L 的时间积分:

$$S_s(q,q_0;t)=\int_0^t\mathrm{d}t'L \tag{2.4}$$

$$C_s=|\det(\partial^2S_s/\partial r_{0i}\partial r_j)| \tag{2.5}$$

而 μ_s 是所谓的马斯洛夫 (Maslov) 指数 (其数值等于经典轨道上所有共轭点的阶数和).

半经典理论会在多长时间之内适用呢? 该问题涉及很复杂且微妙的数学, 现在仍然是一个没有得到完全解答的难题. 在一些具体情况下, 人们给出过一些估计, 不过这些估计常常针对具体的半经典处理方法而言, 并非一般性的限制. 有一些人认为, 半经典理论只适用于波函数的短时间演化 [比如在所谓埃伦菲斯特 (Ehrenfest) 时间之内]. 然而, 根据一些经验丰富的学者的观点, 半经典理论适用的时间范围要长得多 (比如 F. Haake 认为至少适用到海森伯时间).

让我们从一般的角度来审视前面的问题. 在有关半经典传播子的推导中, 主要的近似是稳相近似, 该近似的成立依赖于作用量的变化与普朗克常数的比值. 由于时间越长作用量越大, 较长的时间应该有利于稳相近似的成立. 如果没有其他重要因素的影响, 这似乎暗示, 对于半经典传播子适用时间的长度并没有明确的限制. 不过, 时间越长, 经典轨道越复杂, 处理起来的数学难度通常越大.

关于上述半经典理论适用时间长度的推测, 我们还有一个佐证, 即 Gutzwiller 的迹公式[3], 它给出态密度的半经典表示式. 重点是, 能量本征态决定了波函数在无穷长时间内的精确演化, 因此, 迹公式的适用性暗示半经典理论应该能够应用于无穷长时间的演化. 具体而言, 在 Gutzwiller 的迹公式中出现的是周期轨道, 这暗示在长时间之后周期轨道的贡献为大. 对于给定能区, 需要特别重视海森伯时间 τ_{H}, $\tau_{\mathrm{H}}\sim\hbar/\overline{d}$, 其中 $\overline{d}$ 是平均能级间距. 在海森伯时间之前, 各种经典轨道的贡献都很大. 但是, 在海森伯时间之后, 周期轨道的相干性会导致它们的贡献越来越大.

第3章

量子混沌

本章并不打算对量子混沌领域的现状与历史予以综述. 该任务不是一个章节所能做到的, 需要一个大部头的专著. 不论哪一类量子系统, 其主要性质都至少包含三个方面: 本征值、本征函数以及含时演化. 本章的主要目标是介绍在 21 世纪过去的 20 多年中, 在上述三个方面量子混沌领域所取得的一些重要进展. (20 世纪的成果在专著 [1,2] 中已有详细论述, 其中专著 [1] 也包含了 21 世纪在能谱统计方面的进展.)

3.1 引论

3.1.1 概述

在 20 世纪 70 年代, 非线性偏微分方程 (或者相关映射) 的解所呈现的许多性质, 激起了人们的很大兴趣. 该领域在当初被称为非线性领域, 其中最受关注的对象是所谓混沌运动. 其实, 对混沌运动的研究可以追溯到庞加莱在 19 世纪的研究工作, 其在 20 世纪后半叶的兴起主要得益于计算机的应用. 在该领域, 混沌运动被定义为运动轨道的初值敏感性, 即相邻轨道之间的距离呈指数式增长.

最初人们研究的是经典系统, 但是很快就有人开始研究量子系统. 由于薛定谔演化是幺正的, 严格意义上说, 量子运动不会有初值敏感性, 因此与经典运动有质的不同. 从量子-经典对应的角度来看, 这一差别可能具有一定的严重性, 因为现代物理学建立于下述 (尚未严格论证的) 观点之上. 即至少对于可观测量而言, 对微观物体的量子力学描述必须与对宏观物体的经典描述有一定的协调性. 量子混沌领域中的许多早期研究工作聚焦于论证上述差别, 并不意味着不相容.

不论如何, 量子混沌的含义的确不同于经典混沌 (后者指初值敏感性). 鉴于薛定谔演化没有初值敏感性, 早期曾有人质疑"量子混沌"一词是否合适, 且在历史上引起很多争论. 最终, 由于以下几个原因, 该领域中的研究者还是决定使用这一名称.

其一, 该词至少可以被用来指称一个领域, 未必是一个系统的具体运动. 从这一点看, 没有什么不妥之处.

其二, 运动的敏感性包含初值敏感与扰动敏感两个不同的部分. 在经典哈密顿系统中二者等价, 但是在量子系统中并不等价. 如果愿意 (并非必须), 可以将量子混沌视为运动对扰动的敏感性. (后面我们会详细介绍量子运动的这种敏感性.)

其三, 量子混沌系统的确可以展现十分复杂的运动, 复杂到与随机性在许多方面等效的地步. (事实上, 当初许多人对经典混沌系统的最大兴趣即在于等效随机性的出现. 使用初值敏感这一判据主要还是因为它有严格定义, 而"等效随机性"一词没有严格定义.)

现在, 所谓量子混沌领域涵盖了一个很大的范围, 其主要共性之一是下述研究视角.

即研究从量子规则到量子混沌的所有系统, 尤其侧重于从规则通向混沌之路, 以及达到混沌之后系统所具有的特性. 就这一点而言, 或许称之为量子动力学复杂性领域更为确切. 由于篇幅所限, 本章并不打算综述该领域, 甚至不计划列出该领域的所有重要发现. 事实上, 量子混沌领域现在还缺少一个统一的架构. 我将探索在一定意义上使用一个统一的架构来讨论量子混沌领域的可能性.

3.1.2 量子混沌领域中的一些核心问题

前面提过, 量子混沌领域自有其存在的理由, “混沌”一词的含义也不需要与经典物理完全一致. 但是, 什么是“量子混沌”呢? 这仍然是一个复杂的问题. 虽然经过了近半个世纪的艰苦努力, 并且取得了许多值得骄傲的成果, 该领域中仍然存在众多尚未解决的核心问题.

为了明确起见, 在下文中, 单独使用“混沌”一词时, 我们仍然指经典混沌, 即初值敏感性. “量子混沌”一词具有一定的模糊性, 具体而言, 虽然已经知道了量子混沌的很多性质 (包括一些判据), 但是, 其严格定义仍然在探索之中. (可以预期, 被普遍接受的量子混沌一词的严格定义出现之时, 很可能就是量子混沌领域的基本架构建好之日.) 我们将更多地使用“量子混沌领域”一词, 它的含义要明确得多.

与其他量子领域类似, 量子混沌领域所处理的最为基本的概念, 仍然是能量本征值、能量本征态以及波函数的演化. 该领域的特殊性体现于对下列几件事的关切: 可积性 (守恒量, 或者说好量子数) 的破坏, 运动复杂性的定量刻画, 以及与统计物理的关系.

我们来讨论一下该领域的核心问题. 这是一个棘手且微妙的问题. 事实上, 核心问题的确定, 多少受作者的个性以及研究背景的影响, 包括其看问题的角度、知识背景等. 这里, 我所说的“核心问题”是指, 当它们被解决之后, 该领域的支撑性骨架就可以大体确定. 所谓“大体确定”, 不仅指对于领域内的研究者, 更指从相近领域研究者的角度来看. 根据作者的经验与观点, 量子混沌领域至少包括但不限于下述核心问题.

问题 1: 考虑拥有经典对应的量子系统, 如果其经典对应系统的运动是混沌的, 那么该量子系统的能谱统计有何特征? 并且, 该特征与经典混沌运动的关系如何确定?

问题 2: 量子系统的波函数的运动, 是否具有能够联系到经典李雅普诺夫 (Lyapunov) 指数的敏感性?

问题 3: 量子混沌系统的能量本征态在可积基矢上的波函数, 其统计性质如何?

问题 4: 多体量子混沌系统是否有特殊性质?

问题 5: 哪些解析手段可以用来研究纯量子 (无经典对应) 物理系统的量子混沌

性质?

问题 6: 从可积系统出发, 量子混沌如何一步步发展起来?

从上述核心问题的角度看, 量子混沌领域在上个世纪与本世纪的情况具有明显的区别. 在上个世纪, 它是个热门领域, 研究内容广泛, 研究者众多, 积累了大量的知识, 但是对上述核心问题的分析远未深入. 在上个世纪的最后几年, 量子混沌领域的研究热度陡降. 其原因主要有两个方面, 一个是较为容易研究的题目都做得差不多了 (剩下的大都遇到"硬骨头"式的障碍), 另一个是量子信息领域的兴起吸引了很多人的注意力.

在本世纪初的十余年中, 该领域剩下了为数不多的研究者, 但是在数个核心问题方向取得了重要进展. 最近一些年, 其中一些进展与热化的关系受到重视, 且重新激发了人们对量子混沌领域的热情, 使其研究热度不断增加. 迄今为止, 该领域的一个可观的部分已经有了大体的框架. 不过, 距离整体框架的基本完成尚有较远的距离, 尤其是对能量本征态的总体与统计性质, 以及通向混沌之路的理解尚不深入.

上个世纪的主要进展在几本著名的参考书中有详细的介绍[1–4]. 其中, F. Haake 的 *Quantum Signatures of Chaos* 一书 (尤其是 2009 年的第三版) 是该领域中最为全面的专著. 不过, 对于本世纪的进展, 该书主要介绍的是 Haake 小组有重要贡献的、关于能谱统计的成果. 在中文图书方面, 顾雁教授于 1996 年出版的《量子混沌》一书, 对该领域当时所取得的成果给予了相当全面的总结. 本章的下面几节, 主要介绍量子混沌领域在上个世纪末与本世纪所取得的一些 (并非所有) 重要进展. 为了方便读者阅读, 我们在附录 E 中简短介绍经典哈密顿系统中的可积与混沌运动.

3.2 混沌系统的能谱统计

在量子混沌领域, 众多研究者曾花了大量的时间来研究能谱的统计性质, 终于在本世纪初利用半经典理论给了一个大体的交代. 所谓"大体", 是指问题尚未彻底解决. 而且还有一个更令人尴尬与困惑的事情, 那就是能谱统计方面的解析成果, 在帮助人们对具体系统的具体性质的理解方面, 其表现并不尽如人意. 以下进行简要介绍.

3.2.1 一些准备知识

我们用希腊字母 (α, β 等) 来标记我们最为关注的本征态. 比如, 对于一个哈密顿量为 H 的量子混沌系统, 其本征矢量记为 $|\alpha\rangle$, 本征值为 E_α, 即

$$H|\alpha\rangle = E_\alpha|\alpha\rangle \tag{3.1}$$

为研究 H 系统的性质, 一个很有用的方法是将它写为下述形式:

$$H = H_0 + \lambda V \tag{3.2}$$

其中, H_0 是一个可积系统的哈密顿量, λ 是一个参数, 而 λV 是扰动项. H_0 的本征解记为

$$H_0|n\rangle = E_n|n\rangle \tag{3.3}$$

可积性在经典哈密顿力学中有明确且严格的定义. 粗略地说, 对于一个 f 维位形空间中的系统, 如果存在 f 个独立的守恒量 (第一积分), 则称之为可积系统. [①] 在量子情况下, 可积性的严格定义不那么容易给出. 不过粗略地说, 仍然存在相应数量的守恒量, 或者好量子数.

能谱的严格数学表述为下面定义的态密度:

$$\rho_d(E) = \sum_\alpha \delta(E - E_\alpha) \tag{3.4}$$

量子混沌领域关心的是能谱的一些总体性的、普适性的性质, 而非能级的具体数值. 为了研究这些性质, 通常将态密度分为平均行为与涨落两部分. 我们用上横线代表统计平均, 例如, 平均的态密度记为 $\overline{\rho}_d(E)$. 围绕能谱平均性质的涨落行为, 通常称为能谱的统计性质. 人们发现, 平均态密度的行为与系统运动的复杂性没有直接关系. 因此, 量子混沌领域关心的是能谱的统计性质.

为了去掉平均行为而聚焦于涨落性质, 一个常用的技巧是对能谱进行展平 (unfolding). 具体而言, 以一定的光滑函数 $f(E)$ 乘以能量, 可以使得能谱 E_α 变为一个平均间距为 1 的序列 $\{e_\alpha\}$, 即

$$E_\alpha \to e_\alpha = E_\alpha f(E_\alpha) \tag{3.5}$$

序列 $\{e_\alpha\}$ 的平均性质已经展平, 因此, 可以直接研究它的统计性质, 从而得到能谱的涨落性质. 一个经常研究的统计性质, 是相邻能级间距 s_α 的分布, 记为 $P(s)$, 其中

$$s_\alpha = e_\alpha - e_{\alpha-1} \tag{3.6}$$

① 这意味着, 该经典系统有 f 个作用量-角变量式的正则坐标, 且其中的作用量都是守恒量. 注意, 作用量-角变量中的作用量, 不是作为拉氏量的时间积分的作用量.

根据定义, 展平使得 $\bar{s}=1$.

3.2.2 能谱统计的 Bohigas 猜想

在讨论量子混沌系统之前, 我们先简单回顾对量子可积系统的研究结果, 更为详细的讨论见相应的文献与前面提过的专著. 人们曾经对量子可积系统的 $P(s)$ 分布做过大量的数值研究. Berry 与 Tabor 利用半经典理论对该分布进行了解析分析, 他们的 (未严格证明的) 结论是,[5] 对于大多数自由度大于 1 的可积系统而言, 其 $P(s)$ 分布与下述泊松分布相似:

$$P_{\text{Poisson}}(s)=\mathrm{e}^{-s} \tag{3.7}$$

在统计理论中, 泊松分布是无规序列 (展平之后) 的近邻间距的分布.

量子混沌领域中最为重要的发现之一, 是量子混沌系统能谱涨落的统计性质与随机矩阵理论的预言相一致. 随机矩阵理论的研究对象是矩阵系综, 即将哈密顿矩阵的矩阵元视为受到一定 (对称性) 限制的随机数, 从而构造出一个矩阵系综. (参见附录 F.)

上述关系于 1984 年被提出,[6] 通常被称为 Bohigas 猜想 (有时也称 Bohigas-Giannoni-Schmit 猜想).① 具体表述如下: 在大多数情况下, 完全混沌系统的高激发能级具有随机矩阵理论所预言的能谱统计特性. 随机矩阵理论对相邻能级间距分布的预言与下面的维格纳分布十分接近:

$$P_{\mathrm{W}}(s)=\frac{\pi s}{2}\exp\left(-\frac{\pi s^2}{4}\right) \tag{3.8}$$

上述猜想得到了广泛的实验与数值证据支持, 常常被视为量子混沌的一个判据.

- 量子混沌最为常用的判据: 能谱的统计性质与随机矩阵理论的预言一致.

显然, 上述判据的应用无关乎所研究之系统是否拥有经典对应. 对于拥有独立于哈密顿量的守恒量的系统, 上述判据要在该守恒量的本征子空间中使用.

这里人们遇到了一个问题: 所研究的其实是一个 (混沌) 系统的能谱, 然而随机矩阵理论针对的是一个矩阵系综. 为什么一个矩阵的谱统计会与一个矩阵系综的相接近呢? 对于有限维数的矩阵, 这一问题尤其突出, 我们对其数学本质现在仍然不是很

① 文献 [7] 的作者 Casati 等人, 比 Bohigas 等人早 5 年提出了能谱统计与随机矩阵理论的关系. 可能是由于他们讨论得不够充分而且数值结果较为粗糙, 其结果没有得到广泛的认可.

了然于心. ①②

3.2.3 Bohigas 猜想的半经典基础

下面我们讨论一下 Bohigas 猜想的半经典基础. 在 20 世纪 60 年代, Gutzwiller 从波函数演化的费曼路径积分表示出发, 推导了 $\rho(E)$ 的半经典表示式, 通常称为 Gutzwiller 的迹公式 (trace formula), [3] 它给出态密度 $\rho(E)$ 的振荡部分:

$$\rho_{\text{osc}}(E)=\frac{1}{\pi\hbar}\sum_{s}\frac{(T_p)_s}{\|M_s-1\|^{1/2}}\cos\left[\frac{1}{\hbar}S_s(E)-\frac{\pi}{2}\beta_s\right] \tag{3.9}$$

其中, s 代表周期轨道, $(T_p)_s$ 是与 s 有关的所谓初始 (primitive) 轨道的周期, M_s 是轨道 s 的单值 (monodromy) 矩阵, 而 β_s 是周期轨道 s 的完整马斯洛夫 (Maslov) 指数. 对于从 A 点到 B 点的轨道 s, M_s 的定义为

$$\begin{pmatrix}\delta q_{B\perp}\\ \delta p_{B\perp}\end{pmatrix}=M_s\begin{pmatrix}\delta q_{A\perp}\\ \delta p_{A\perp}\end{pmatrix} \tag{3.10}$$

其中, $\delta q_{A\perp}$ 与 $\delta p_{A\perp}$ 分别代表另外一条邻近轨道在与轨道 s 垂直的 q 与 p 方向上的位移, 而 $\delta q_{B\perp}$ 与 $\delta p_{B\perp}$ 代表演化所导致的偏差.

对能谱统计性质的半经典研究, 尤其是对 Bohigas 猜想进行半经典论证的第一步, 由 Berry 于 1985 年迈出. [8] 他研究了态密度的两点关联函数 $\overline{\rho(E)\rho(E')}$ 的傅里叶变换, 该量与谱分析中的所谓谱形状因子 (spectral form factor) 成正比, 记为 $F(\tau)$. 更确切地说, 他研究的是上述态密度的振荡部分的两点关联函数的傅里叶变换, 即

$$F(\tau)=a\int \mathrm{d}(E-E')\overline{\rho_{\text{osc}}(E)\rho_{\text{osc}}(E')}\mathrm{e}^{-\mathrm{i}(E-E')\tau} \tag{3.11}$$

其中, a 是为了方便而引入的常数. 将 Gutzwiller 的迹公式代入上面的谱形状因子, 即可得到其半经典表示式. 该表示式的一个特点是对经典闭合轨道的双重求和:

$$F(\tau)=\sum_{s,s'}\cdots \tag{3.12}$$

即 $F(\tau)$ 是所有闭合轨道对 (s,s') 的贡献之和. 在经典轨道与其时间反演轨道相重合的系统中, Berry 研究了 $s=s'$ 的那些轨道对的贡献 (所谓对角项贡献), 发现它与随机矩阵理论所给出的谱形状因子的主导项相一致.

① 一个直观的理解是, 这可能与系综中的典型矩阵这一概念有关.

② 上个世纪对核物理实验数据的研究并未遇到这一问题, 因为数据来自于许多不同的核.

在 Berry 上述工作之后的十多年中, 虽然许多研究者试图推进, 但是一直没有取得实质性的进展. 关键的第二步, 于 2000 年由 Sieber 和 Richter 迈出. [9] 他们发现了一类特殊的经典闭合轨道对, 现在被称为 Sieber-Richter 对, 它们的贡献与随机矩阵理论预言的次主导项相一致. 一个 Sieber-Richter 对的特征是, 在位形空间中, 除了一个很小的区域外, 两条轨道十分靠近 (指数式地靠近). (在非靠近区域中, 一条轨道有交叉, 而另一条没有.) 在这一突破之后, 又过了四五年, Haake 小组对经典轨道对找到了一个系统的分类方法 (根据一条轨道内相互靠近的交叉点的数量), 并且通过严格计算发现, 这样的轨道对的贡献与随机矩阵理论预言的剩余项相一致. [10] ①

3.2.4 关于能谱统计应用的几点评述

如前所述, 经过二十年的努力, 研究者们终于证明, 谱形状因子的半经典表示式中存在一系列的项, 它们贡献的和与随机矩阵理论的预言相一致. 至于表示式中的其他项, 在并非严格的意义上可以给出忽略其贡献的理由. 这样, 人们为 Bohigas 猜想提供了具有很好可信度的半经典基础. 上述工作显示, 半经典理论的适用性很可能比通常预期的要好许多, 只是完整推导与计算的数学难度常常很高.

前面讨论的量子混沌系统能谱的统计性质, 对于其他领域的研究工作会有哪些助益或者应用呢? 虽然由于个人能力的限制无法给出一份详尽的清单, 简单地讨论一下应该还是有益处的. 一个可能的应用是, 利用实验数据来推测物理系统的基本分类特征. 举个例子, 如果在实验上可以测量一个物理系统在某一能区中的所有能级, 则可以计算该能区中的 $P(s)$ 分布, 并且根据 $P(s)$ 分布与维格纳分布 (泊松分布) 的差别, 来推测系统的混沌 (可积) 性, 以及是否存在能量之外的好量子数. 类似地, 可以利用数值模拟实验来研究无解析解的物理模型, 并且根据其结果来推测该模型的基本分类特征.

既然量子混沌系统能谱的统计性质可以被视为与随机矩阵理论的预言相一致, 原则上, 有可能将随机矩阵理论有关能谱统计的解析结果应用于其他解析研究工作中. 遗憾的是, 这方面的成功应用事例还很少, 原因之一是大多数物理量并不直接依赖于能谱的统计性质.

① 作者有幸在 2001 年访问 Haake 教授的研究小组三个月, 并在访问的后半期参与了对二阶贡献的早期研究.

3.3 能量本征函数的性质

就预言物理系统的具体可观测性质而言, 能量本征函数提供的信息比能谱要多得多. 遗憾的是, 量子混沌领域对能量本征函数统计性质的了解, 远少于前述对能谱统计性质的了解. 不过在过去的几十年中, 仍然有一些有意义且可能对未来有深远影响的进展, 本节介绍其中的几个.

造成上述困难局面的原因至少有两个: 其一, 计算本征函数所需的计算量远大于计算本征值; 其二, 虽然态密度有相对简单且可靠的半经典表示式 (比如, 式 (3.9) 中的 Gutzwiller 的迹公式), 但是推导本征函数的半经典表示式的难度要大得多. 事实上, 由于本征函数有非物理的整体相位, 其本身不可能有明确的半经典表示式. 为了绕开该问题, 可以研究所谓维格纳函数 $W(\boldsymbol{p},\boldsymbol{q})$. 对于一个 f 维位形空间中的波函数 $\psi(\boldsymbol{q})$, 其维格纳函数定义为

$$W(\boldsymbol{p},\boldsymbol{q})=\frac{1}{(2\pi\hbar)^f}\int_{-\infty}^{\infty}\psi^*\left(\boldsymbol{q}+\frac{\boldsymbol{r}}{2}\right)\psi\left(\boldsymbol{q}-\frac{\boldsymbol{r}}{2}\right)\mathrm{e}^{-\mathrm{i}\boldsymbol{p}\cdot\boldsymbol{r}/\hbar}\mathrm{d}\boldsymbol{r} \tag{3.13}$$

如果有了维格纳函数的半经典表示式, 在排除整体相位之后就可以得到本征函数的半经典表示式了. 遗憾的是, 有关维格纳函数的半经典表示式大多数很复杂, 其余的虽然相对简单一些, 但是在推导过程中采取了一些不容易控制的近似.

3.3.1 Berry 猜想

能量本征函数由能量本征态在一定基矢系上的投影给出. 对于给定的物理系统而言, 互作用哈密顿量只能取一定的特殊形式, 因此, 哈密顿矩阵在不同的基矢上具有不同的特殊结构. 通常, 大家感兴趣的基矢系是一些可观测量的本征矢系. 按照其本征谱的特点, 可以分为两类, 一类是连续谱基矢, 一类是分立谱基矢. 前者的代表是位置表象, 即以位置本征态为基矢所给出的表述; 后者的代表是某未扰动哈密顿量的本征基矢所给出的表象.

1. 位形空间中关于能量本征函数的 Berry 猜想

我们先讨论位形空间中的能量本征函数 (动量空间中的情况原则上类似). 以半经典的一般性描述为基础, Berry 以文字的形式提出了 Berry 猜想. [11] 该猜想的内容如下: 量子混沌系统在位形空间中的多数能量本征函数的分量, 可以被视为具有一定关联函数的高斯无规函数. 在一些假设基础之上, Berry 提出了一个研究平均的维格纳函数的半经典表示式的方法, 并且利用该方法推导了这些关联函数的半经典表示式. [11] 作为半经典推测, 这里的波函数指其在经典能量允许区中的部分.

上述猜想在 Billiard 系统中得到了一定程度上的数值验证. [12,13] 不过, 经典动力学的一些特殊行为 (比如规则岛与孤立的周期轨道) 还是会为它带来一些修正. [14–21]

2. 可积基矢上能量本征函数的统计性质

在对大多数物理模型的研究中, 相对于位形空间中的波函数而言, 可积基矢 (即一个可积哈密顿量的本征基矢) 上的波函数的应用要广泛得多. 在过去近半个世纪中, 人们对能量本征函数 $\psi_{\alpha n} = \langle n|E_\alpha\rangle$ 的统计性质做过大量的数值研究, 不过遗憾的是, 单纯利用数值模拟所进行的研究并没有得到很好的成果.

关于能量本征函数分量的分布, 最简单的推测是高斯分布, 这也是随机矩阵理论的预言. 的确, 在一些模型中人们从数值上看到过这种分布. 但是, 更为细致的数值研究显示, 在大多数情况下, 即使在经典混沌区域, 本征函数分量的分布也可能明显偏离高斯分布. [22] 为了试图解决这一问题, 有人注意到, 本征函数分量平方的平均值在不同的能区中可能有所不同. 因此, 如果想要得到高斯分布, 需要对本征函数分量做一定的重标度, 即统计中所使用的应该是下述重标度的分量:

$$\widetilde{\psi}_{\alpha n} = \frac{\psi_{\alpha n}}{\sqrt{\overline{|\psi_{\alpha n}|^2}}} \tag{3.14}$$

其中, $\sqrt{\overline{|\psi_{\alpha n}|^2}}$ 代表波函数的平均形状. 遗憾的是, 如文献 [23] 所报道的, 数值计算结果仍然与高斯分布有明显差别.

为了理解上述探索失败的原因, 需要进行更为深入的解析分析. 为此, 文献 [24] 将 Berry 猜想推广到作用量基矢上, 利用半经典理论对该问题做了进一步的分析, 发现根源在于平均形状 $\sqrt{\overline{|\psi_{\alpha n}|^2}}$ 的计算方法. 具体而言, 解析分析显示, 如果只对 α 求平均而不对 n 求平均, 则得到的 $\widetilde{\psi}_{\alpha n}$ 分布应该接近高斯分布. 这一预言得到了数值验证. (在文献 [23] 所报道的研究中, 在求 $\sqrt{\overline{|\psi_{\alpha n}|^2}}$ 时, 既对 α 也对 n 求了平均.) 而且, 进一步的数值模拟发现, 在系统从可积过渡到混沌的过程中, 利用 $\widetilde{\psi}_{\alpha n}$ 分布与高斯分布的差别来度量系统的混沌程度, 其效果与利用近邻能级间距分布与维格纳分布的差别所给的结果

十分相似.[24]①

截至本书成稿, 在量子混沌领域中, 关于量子混沌系统能量本征函数统计性质的研究仍然处于较为初级的阶段, 距窥其全貌尚有一段距离.

3.3.2 多体混沌系统的本征态热化假设

近些年在量子混沌领域中, 最受其他领域关注的研究方向是多体量子混沌系统的性质. 主要原因包括：其一, 得益于近些年计算机能力的大幅提高, 人们发现, 对多体量子混沌系统本征函数统计性质的研究, 有可能为解决热化问题提供一个适当的机制 (至少是部分机制)；其二, 多体系统拥有少体系统所没有的一些特性；其三, 许多现实的多体系统有可能部分具有混沌特征. 我们相信, 相关研究会使量子混沌领域在未来的一二十年内吸引越来越多的关注.

20 世纪 90 年代, Srednichi 利用半经典理论, 尤其是 Berry 猜想, 研究了一个具体而又简单的多体混沌模型——硬球壳气体模型, 给出了能量本征函数 (傅里叶变换的) 统计性质的数学表述.[26] 利用该结果, Srednichi 推导了单体 (单个硬球壳) 的约化密度矩阵, 发现是吉布斯态, 给出玻尔兹曼分布. 于是, 他得到了一个在当时看来颇令人吃惊的结论, 即在该多体系统的一个能量本征态中, 单体处于热态. 这意味着, 该气体系统的能量本征态内的各个单体已经具有了热化特征. 他将这一现象称为本征态热化. 后来, 他推测 (许多) 多体量子混沌系统都会有此现象. 这一推测常常被称为本征态热化假设 (eigenstate thermalization hypothesis), 简称 ETH. 其实, 比 Srednichi 早几年, Deutsch 利用随机矩阵理论中的一些思想给出过类似的预测,[27] 只是其数学推导遇到了严重问题.

后来, Srednichi 在数学上为 ETH 给出了下述更为明确的形式, 现在一般称为 ETH 拟设.[28]

- ETH 拟设. 在多体量子混沌系统的能量本征基 $\{|E_i\rangle\}$ 上, 任意一个少体算符 A 的矩阵元有下述形式：

$$\langle E_i|A|E_j\rangle = \overline{A}(E_i)\delta_{ij} + \mathrm{e}^{-S(E)/2}g(E_i,E_j)R_{ij} \tag{3.15}$$

  其中, $\overline{A}(E)$ 是 E 的缓变函数, $g(E,E')$ 是光滑函数, R_{ij} 是无规变量 (零均值与单位方差的正态分布), 且 $S(E)$ 正比于多体系统的粒子数.

① 当哈密顿矩阵是稀疏矩阵时, 单个本征函数的不同分量之间会有一定的关联, 见文献 [25] 中的讨论.

半经典分析暗示 $S(E)$ 与微正则熵相关联. 有时, 人们将 $\mathrm{e}^{-S(E)/2}$ 项写为 $\sqrt{\rho_d(E)}$, 其中 $\rho_d(E)$ 是态密度. 关于 ETH, 第 6 章中讨论热化问题时还要提到.

近十多年来, 人们在各种具体模型中对 ETH 拟投做过大量的数值研究, 发现它在多体量子混沌系统中基本都适用, 而且在许多非混沌系统中也成立. 不过, 很难仅仅利用数值计算来确定 ETH 的适用范围. 至于解析方面, 遗憾的是, 现在对 ETH 的解析分析还很少.

3.3.3 特殊波函数的一些整体性质

前面我们讨论了能量本征函数的统计性质, 它们有可能对大多数量子混沌系统的本征态成立, 但是不是所有. 事实上, 在特殊系统或者一般量子混沌系统的一些特殊本征态之中, 人们发现了一些有趣的特殊结构. 受限于本书的篇幅与作者的知识面, 这里我们仅做十分简单的介绍.

首先, 在一些特殊的量子混沌系统中, 比如所谓的受激转子 (kicked rotator), 波函数会 (在动量上) 呈现局域化现象. [29,30] 该现象的数学本质与凝聚态物理中的安德森局域化有一定的类比性, [31,32] 通常称为动力学局域化. 现在, 一个受到广泛关注的课题是多体局域化现象, 比如, 三维空间中格点系统的能量本征态是否会有局域化现象. 这方面的研究主要利用数值模拟, 解析进展不多.

其次, 在一些量子混沌系统中, 人们发现有可能存在一些特殊的能量本征函数, 它们在位形空间中聚集于一些简单的经典周期轨道附近, 这一现象被称为瘢痕 (scar). [14] 近些年的一个研究方向是自旋与空间耦合所带来的效应, 这在石墨烯等材料中有潜在的应用. [33]

3.4 量子运动对扰动的敏感性

关于量子混沌系统性质随时间演化的定量特征, 除了对少数物理量以外, 现在的了解大都停留在数值模拟的程度. 本节我们讨论一个其解析性质了解得较为清楚的量, 即量子洛施密特回波 (quantum Loschmidt echo), 下面简称 L 回波, 有时也简称 LE. 该量刻画了量子运动对扰动的敏感性. 我们会比较详细地讨论 L 回波的衰减行为, 因为该行为与第 5 章中所要讨论的退相干密切相关.

3.4.1 量子洛施密特回波

人们早已知道, 经典混沌系统的运动不仅具有初值敏感性, 也有扰动敏感性, 而且两种敏感性在其数学本质上是相通的. 前面我们谈过, 由于量子系统在希尔伯特空间中的演化具有幺正性这一特点, 孤立系统的量子运动不会有初值敏感性. 一个自然的问题是量子运动是否会对扰动敏感.

早在 1984 年, Peres 就对这一问题进行了研究,[34] 并且提出利用 $M(t)=|m(t)|^2$ 来刻画量子运动对扰动的敏感性, 其中

$$m(t)=\langle\Psi_0|\exp(\mathrm{i}H_1t/\hbar)\exp(-\mathrm{i}H_0t/\hbar)|\Psi_0\rangle \tag{3.16}$$

这里, $H_1=H_0+\epsilon V$. 其中, V 是一个任意扰动而 ϵ 是小量. 在量子信息领域中 $M(t)$ 一类的量被称为保真度 (fidelity), 因此, $M(t)$ 有时被称为 Peres 保真度. 不过, 文献中更为广泛使用的名称是量子洛施密特回波, 简称 L 回波或者 LE, 而 $m(t)$ 称为回波幅.

在上个世纪, 由于解析结果很少, 加之当时的数值计算能力较弱, Peres 的工作只得到极少关注. 直到 2001 年, Jalabert 和 Pastawski 利用半经典理论, 对于其经典对应系统拥有同质相空间 (即空间各处具有相同的局域不稳定性) 的系统, 在一个无规势场模型中, 发现 LE 在一定的情况下呈现李雅普诺夫指数式的衰减.[35] 这才重新唤起人们对该问题的兴趣, 并且引发了一个小范围内的热潮. 事实上, 李雅普诺夫指数在量子系统中的表现, 一直是量子混沌领域所关注的问题之一.

人们曾使用四种不同的解析工具来研究 LE 的衰减行为: 半经典理论方法,[35-37] 随机矩阵理论方法,[38-40] 直接展开演化算符方法[41] (此方法的重点、也是难点在于确定保留哪些展开项), 以及微扰论.① 这四种解析方法分别使用了不同的近似手段, 虽然适用范围不同, 但是也有所重叠, 而且在重叠的范围内给出相洽的结果. (具体内容见第 3.4.2 小节的讨论.)

要注意, 在关于 LE 衰减行为的研究中, 人们关心的是虽然 ϵV 很小、但是 $\epsilon V/\hbar$ 并不小的情况, 因此, 处理的是非微扰问题. 上述四种解析方法各自有下述特点:

(1) 相对而言, 半经典理论方法的适用性最好.

(2) 随机矩阵理论方法的优势是可以利用其成熟的解析手段. 它所面临的问题是, 对于该理论在多大程度上能够描述具有一定现实意义的量子混沌模型的本征态这一问

① 这里的演化指薛定谔方程所预言的演化.

题, 学术界尚无确切的答案.

(3) 直接展开演化算符方法的优势是其出发点最为可靠. 它所遇到的问题是, 如何确定哪些展开项可以被忽略. 这常常没有严格证明, 因而依赖于研究者的经验.

(4) 由于所处理的是非微扰问题, 一阶微扰论不能单独使用, 但是有可能与其他方法联合使用.

3.4.2 LE 的衰减行为

经过国际上数个研究小组的努力, 人们对 LE 衰减行为的基本特征有了大体的了解, 本节我们介绍这些成果. 当时间足够短时, 一阶含时微扰论成立, 这种情况下 LE 的衰减行为总是二次的, 即 $M(t) \simeq 1 - at^2$, 其中 a 是参数. LE 在这一时间阶段的衰减通常小到可以忽略, 因此我们不讨论这类初始衰减.

在极弱耦合下, LE 通常不会出现较为明显的衰减；而在极强耦合下, LE 的衰减行为通常会在很大程度上依赖于扰动的具体性质. 我们希望研究的是具有一定普适性的衰减行为, 因此排除上述两种情况, 而研究处于它们之间的扰动强度. 更为具体而言, 我们关心的是所谓经典弱而量子强的情况. 这里,"经典弱"指的是, 在所感兴趣的时间范围内, 经典情况下的扰动对轨道的影响很小；而"量子强"指的是

$$\sigma = \frac{\epsilon}{\hbar} \tag{3.17}$$

不是小量.

下面我们讨论 LE 在初始阶段之后的衰减行为, 同时评述四种解析方法的使用情况.

1. 量子混沌系统

我们首先讨论量子混沌系统中 LE 的衰减行为. 在上述经典弱而量子强的范围内, 进一步将扰动强度分为三个档次, 即弱、中等与强. 人们发现 LE 在上述三种情况下呈现不同的衰减行为, 叙述如次.

(1) 弱扰动情况下, 研究者发现 LE 的主要衰减模式是高斯衰减. [36] 其解析推导方法是利用一阶扰动论与随机矩阵理论的适当结合, 结果如下：

$$M_{\mathrm{G}}(t) \simeq \exp\left(-\sigma_v^2 \sigma^2 t^2\right) \tag{3.18}$$

其中 σ_v 是扰动 V 在 H_0 基上的对角元的方差.

(2) 中等强度扰动情况下, 上述前三种解析研究方法——半经典理论、随机矩阵理论、直接展开演化算符的线性响应方法——都可以使用, 且都预言 LE 具有指数式衰减,

衰减率满足费米黄金规则 (FGR), [36,38,39,41] 即

$$M_{\mathrm{FGR}}(t) \simeq \exp\left\{-2\sigma^2 K(E)t\right\} \tag{3.19}$$

其中, $K(E)$ 是由势 V 所决定的经典量. 一个有趣的现象是, 在弱扰动情况下的较短时间内, 从半经典理论看, LE 的衰减也应该是 FGR 式的. [37] 不过, 由于扰动较弱, LE 通常在这段时间内只有很少的衰减.

(3) 强扰动情况下, LE 通常会显示明显的涨落效应. 此时, 随机矩阵理论与线性响应方法都失效, 只有半经典理论仍然适用. 半经典理论预言 LE 会呈现与扰动强度无关的、类指数式衰减, 具体如下.

首先, 前面我们提到过, 对于同质相空间的系统, 文献 [35] 预言了李雅普诺夫指数式的衰减. 其次, 文献 [42] 讨论了一般的量子混沌系统, 给出了一些修正. 最后, 文献 [37, 43] 中给出了下述更为一般的衰减表示式:

$$\overline{M(t)} \propto \exp[-\Lambda_1(t)t] \tag{3.20}$$

其中, $\Lambda_1(t)$ 是下述经典量:

$$\Lambda_1(t) = -\frac{1}{t}\lim_{\delta x(0)\to 0} \ln \overline{\left|\frac{\delta x(t)}{\delta x(0)}\right|^{-1}} \tag{3.21}$$

作为对比, 经典力学中的李雅普诺夫指数的定义如下:

$$\lambda_{\mathrm{L}} = \lim_{t\to\infty}\frac{1}{t}\lim_{\delta x(0)\to 0} \ln \overline{\left|\frac{\delta x(t)}{\delta x(0)}\right|} \tag{3.22}$$

在同质相空间中, $\Lambda_1(t) \approx \lambda_{\mathrm{L}}$, LE 呈现李雅普诺夫指数式的衰减.

2. 量子可积系统

然后, 我们讨论量子规则系统中 LE 的衰减行为. 量子可积系统中 LE 的衰减行为, 比上述混沌系统中的要复杂, 依赖于更多的参数. 即使现在, 人们对它也只有部分了解, 具体如下.

(1) 线性响应理论预言, 在初始阶段之后的一段时间内, LE 可能会呈现高斯衰减. [41]

(2) 半经典理论预言, 足够长的时间之后, LE 会呈现下述幂次衰减: [44]

$$M(t) \sim t^{-3/2} \tag{3.23}$$

数值模拟显示, 在大多数情况下, 在幂次衰减出现之前, LE 已经衰减到很小的数值了.

(3) 对于少自由度系统, 半经典理论预言了 LE 衰减的一个统一公式, 显示其从早期的高斯衰减转换为晚期的幂次衰减 (幂次在 1 与 2 之间), 以及中间过渡区的类指数衰减.[45]

(4) 高自由度系统中, LE 有可能在早期呈现式 (3.19) 中给出的 FGR 衰减.[46]

3. 更为详细的讨论

对于前述 LE 的各种衰减行为, 除量子混沌系统中的弱扰动情况之外, 半经典方法都可以处理, 且基本按照一个统一的方法来做. 我们在附录 G 中给出较为详细的推导过程, 包括所使用的基本策略与主要技巧, 也包括前面没有解释的一些量的具体含义. 原则上, 半经典方法应该能够用于讨论量子混沌系统中弱扰动下 LE 的衰减行为, 但是这在数学上遇到较大的困难. 对该衰减行为, 在附录 H 中, 我们介绍了文献 [36] 中所给的讨论.

3.4.3 几点评述

一个有意义的问题是, LE 的衰减行为是否可以被用作量子混沌的判据. 根据前面的讨论可以看出, 由于 LE 在量子混沌与量子可积系统中的衰减行为不同, 这在原则上是可行的. 但是, 至少由于以下因素, 在实际应用中使用该判据的困难不小.

(1) 不能简单地利用 LE 的衰减速度来判断混沌与否, 因为可积系统中的前期高斯衰减有可能速度很快.

(2) 不能简单地利用是否存在李雅普诺夫衰减来判断混沌, 因为这通常不适用于没有经典对应的量子系统.

(3) 不能简单地观察长时间的幂次衰减行为来判断可积性, 因为很难估计可积系统出现该行为的时间尺度.

近年来, 有许多关于是否可以使用非时序关联函数 (out-of-time-ordered correlator, OTOC) 来判断量子混沌的研究工作. 我们注意到, 文献中所揭示的 OTOC 的行为远比 LE 的要复杂. 上面我们论述过, LE 的衰减行为已经十分复杂, 以至于通常而言利用它来做量子混沌的判据会遇到很多困难. 有鉴于此, 很难看出 OTOC 会更适合于上述任务. 此外, 所谓伪经典极限理论也提供了一个思路.[47,48]

4

第 4 章

量子开放系统的基本概念

在本章中，我们介绍量子开放系统领域中经常使用的一些基本概念与方法. 设想一个孤立的总量子系统，它由两个部分所组成：一个是被研究的子系统，另一个是环境，且两者之间有不可忽略的互作用. 这样的子系统通常称为量子开放系统. 在本章与后面的章节中，所讨论的“子系统 + 环境”构型有下述特性：(1) 子系统的粒子数远远小于环境的；(2) 环境拥有很高的复杂性.

4.1 总系统的基本性质

我们讨论系统的基本性质描述，并且给出将要使用的记号法. 我们也确定将要讨论的初态形式.

4.1.1 系统的基本描述

(孤立的) 总系统记为 $\mathcal{T}$, 它所包含的、要重点研究的子系统称为中心系统, 记为 S, S 的环境记为 $\mathcal{E}$(包含 $\mathcal{T}$ 的所有其他子系统). 上述划分是指自由度方面的, S 与 $\mathcal{E}$ 并非一定是两个在物质组成上完全分开的系统. 通常情况下, 不言而喻的是 $\mathcal{E}$ 远远大于 S. 两个系统的希尔伯特空间分别记为 $\mathcal{H}^S$ 与 $\mathcal{H}^{\mathcal{E}}$, 其维数为 d_S 与 $d_{\mathcal{E}}$ ($\gg d_S$). 总系统的哈密顿量记为 H, 被分为两个部分：未耦合哈密顿量 H^0 与互作用哈密顿量 H^{I}, 即

$$H = H^0 + H^I \tag{4.1}$$

这里

$$H^0 = H^S + H^{\mathcal{E}} \tag{4.2}$$

其中,H^S与$H^{\mathcal{E}}$分别是系统S与环境 $\mathcal{E}$ 的哈密顿量. 我们通常假设互作用有直积形式, 即

$$H^I = \lambda H^{IS} \otimes H^{I\mathcal{E}} \tag{4.3}$$

其中, H^{IS} 与 $H^{I\mathcal{E}}$ 是分别作用于空间 $\mathcal{H}^S$ 与 $\mathcal{H}^{\mathcal{E}}$ 的厄米算符. 这里, λ 是刻画互作用强度的参数, 不过, 有的时候为了简便我们将 λ 吸收到 $H^{I\mathcal{E}}$ 中. 我们假设 $H^{I\mathcal{E}}$ 是局域算符. 记 H^S 按能量排序的归一本征矢为 $|\alpha\rangle$, 相应的本征值为 E_α^S ($\alpha = 1, 2, \cdots$), 类似地, $H^{\mathcal{E}}$ 的本征矢与本征值分别记为 $|i\rangle$ 与 E_i, 即

$$H^S|\alpha\rangle = E_\alpha^S|\alpha\rangle \tag{4.4}$$

$$H^{\mathcal{E}}|i\rangle = E_i^{\mathcal{E}}|i\rangle \tag{4.5}$$

有时, 我们也用 β 标记 H^S 的本征态, 用 j 与 k 来标记 $H^{\mathcal{E}}$ 的. 算符 H^{IS} 与 $H^{I\mathcal{E}}$ 在上述本征矢上的矩阵元写为

$$H_{\alpha\beta}^{IS} = \langle\alpha|H^{IS}|\beta\rangle \tag{4.6a}$$

$$H_{ij}^{I\mathcal{E}} = \langle i|H^{I\mathcal{E}}|j\rangle \tag{4.6b}$$

显然, $|\alpha\rangle|i\rangle \equiv |\alpha i\rangle$ 是 H^0 的本征矢. H^0 的按能量排序的本征矢与本征值, 分别记为 $|E_r^0\rangle$ 与 E_r^0. 它们满足关系式

$$|E_r^0\rangle = |\alpha i\rangle, \quad E_r^0 = E_\alpha^S + E_i^{\mathcal{E}} \tag{4.7}$$

总哈密顿量 H 的能序本征矢与本征值, 分别记为 $|n\rangle$ 与 E_n, 即

$$H|n\rangle = E_n|n\rangle \tag{4.8}$$

本征态 $|n\rangle$ 的展开式写为

$$|n\rangle = \sum_{\alpha i} C_{\alpha i}^{n} |\alpha i\rangle = \sum_{r} C_{r}^{n} |E_{r}^{0}\rangle \tag{4.9}$$

展开系数 C_r^n 被称为状态 $|n\rangle$ 在基矢 $|E_r^0\rangle$ 上的波函数.

有时, 我们需要考虑系统 S 的一个任意基矢. 这样的基矢记为 $|\mu\rangle$, 或者 $|S_\mu\rangle$.

4.1.2 初态

在 $t=0$ 的初始时刻, 整个大系统的初态记为 $|\Psi_0\rangle$. 退相干现象其实与初态有一定的相关性, 其原因之一是薛定谔方程的时间可逆性. 具体而言, 对应于每个相干性递减的演化时间段, 在适当变化初态之后, 都可以找到一个相对应的、相干性递增的演化时间段. 我们并不想讨论后一种情况, 为此, 我们考虑系统与环境无关联的初态. 数学上, 这种无关联表现为初态具有直积形式

$$|\Psi(0)\rangle = |\phi_S\rangle \otimes |\mathcal{E}_0\rangle \tag{4.10}$$

其中, $|\phi_S\rangle$ 与 $|\mathcal{E}_0\rangle$ 分别是态空间 $\mathcal{H}^S$ 与 $\mathcal{H}^{\mathcal{E}}$ 中的归一矢量. 通常, $|\mathcal{E}_0\rangle$ 处于环境的某个能区, 记为 Γ_0. 状态 $|\phi_S\rangle$ 在基矢 $|\alpha\rangle$ 上展开式写为

$$|\phi_S\rangle = \sum_{\alpha} c_\alpha |\alpha\rangle \tag{4.11}$$

而 $|\mathcal{E}_0\rangle$ 的展开式为

$$|\mathcal{E}_0\rangle = \sum_{E_i^{\mathcal{E}} \in \Gamma_0} d_i |i\rangle \tag{4.12}$$

4.2 子系统的约化密度矩阵描述

在量子力学的框架之内, 一个总系统的状态原则上由希尔伯特空间中的一个矢量来描述. 希尔伯特空间的特性对该描述施加了一定的限制, 其后果之一是对子系统的描述与对总系统的描述之间有质的区别. 正如玻尔所反复强调的, 在量子力学框架之中, 总

系统才有完备的描述——波函数, 而在大多数情况下无法对其子系统给予完备的描述. 从根本上而言, 子系统的性质要通过总系统的状态来给出. ① 一个很有意义的问题是, 在什么情况下以及在什么程度上, 可以讨论子系统的状态, 以及可以给出什么样的数学描述. 本节, 我们对此做一般性概述.

4.2.1 纠缠

量子多体系统的一个最为奇特的性质, 是其子系统性质之间的纠缠. 事实上, 纠缠是量子力学中最为重要、也是最难理解的概念之一. 我们粗浅地讨论一下这一概念的基本含义.

纠缠现象的存在, 最早是薛定谔从量子力学的数学结构中看出来的. 该结构要求多体系统的状态空间是其子系统状态空间的直积, 而这一点必然导致纠缠态的存在. 1935 年爱因斯坦等人 (Einstein, Podolsky, Rosen) 发表了一篇著名的文章, 其尖锐性激起了物理学界持久的争论, 尤其是燃起了人们对纠缠现象的兴趣. 该现象对我们所能够给予子系统的描述产生了深远的影响.

玻尔认为量子理论是对微观系统的最完备描述, 这一观点得到了大多数物理学家的认可, 但也有物理学家——尤其是爱因斯坦——持反对意见. 从玻尔的个性来看, 这是他深思熟虑的结果, 而非其个人的执着信条. 玻尔的观点通常来自其多年对大量具体系统以及细节问题的研究与思考, 是从具体经验中提取出的更为普适的观点. 这一点与爱因斯坦迥然不同. ② 当玻尔谈论量子力学的完备性时, 意思应该是, 就其通过多年对大量微观实验结果的研究所获得的物理直觉而言, 他想象不出除此之外还有什么其他方法来解释微观现象. 玻尔尤其强调的是微观描述的整体性, 即原则上不能脱离环境来讨论微观系统的状态. 用数学语言来说, 玻尔所强调的整体性体现为子系统之间的纠缠.

为了举例说明纠缠概念, 可以考虑处于下述纠缠状态的两个粒子(粒子1与粒子 2):

$$\Psi = \phi_{\boldsymbol{p}}(\boldsymbol{r}_1)\phi_{\boldsymbol{q}}(\boldsymbol{r}_2) + \phi_{\boldsymbol{p}'}(\boldsymbol{r}_1)\phi_{\boldsymbol{q}'}(\boldsymbol{r}_2) \tag{4.13}$$

其中, $\phi_{\boldsymbol{p}}$ 代表动量本征态. 根据量子力学的公理, 如果我们测量粒子 1 的动量, 应该得到动量值 $\boldsymbol{p}$ 或者 $\boldsymbol{p}'$. 如果得到的数值是 $\boldsymbol{p}$, 则可以判断粒子 2 处于状态 $\phi_{\boldsymbol{q}}(\boldsymbol{r}_2)$ 且拥有

① 这一点与经典力学十分不同. 在经典力学中, 原则上总是能够对任意子系统给予任意精确且确定的描述. 根据我们在宏观世界中所获得的经验, 至少在许多情况下, 应该能够忽略环境而谈论一个子系统的性质. 这一经验如何与量子力学的框架体系相融洽, 不是一个简单的问题. 下一章要讨论的退相干现象有可能为上述问题提供部分解释, 不过本书不打算深入讨论.

② 两人的思维风格几乎相反, 且各自几乎达到了其思维方式所能达到的最高峰.

动量 $\boldsymbol{q}$；而如果得到 $\boldsymbol{p}'$，则可以判断粒子 2 处于状态 $\phi_{\boldsymbol{q}'}(\boldsymbol{r}_2)$ 且拥有动量 $\boldsymbol{q}'$. 虽然这类叙述在经典概率论中也会使用，但是式 (4.13) 中的量子态提供了更多的东西. 比如，Ψ 还可以写成下述在数学上等价的形式：

$$\Psi = \psi_+(\boldsymbol{r}_1)\varphi_+(\boldsymbol{r}_2) + \psi_-(\boldsymbol{r}_1)\varphi_-(\boldsymbol{r}_2) \tag{4.14}$$

其中

$$\psi_+(\boldsymbol{r}_1) = \frac{1}{\sqrt{2}}(\phi_{\boldsymbol{p}}(\boldsymbol{r}_1) + \phi_{\boldsymbol{p}'}(\boldsymbol{r}_1)) \tag{4.15a}$$

$$\psi_-(\boldsymbol{r}_1) = \frac{1}{\sqrt{2}}(\phi_{\boldsymbol{p}}(\boldsymbol{r}_1) - \phi_{\boldsymbol{p}'}(\boldsymbol{r}_1)) \tag{4.15b}$$

$$\varphi_+(\boldsymbol{r}_2) = \frac{1}{\sqrt{2}}(\phi_{\boldsymbol{q}}(\boldsymbol{r}_2) + \phi_{\boldsymbol{q}'}(\boldsymbol{r}_2)) \tag{4.15c}$$

$$\varphi_-(\boldsymbol{r}_2) = \frac{1}{\sqrt{2}}(\phi_{\boldsymbol{q}}(\boldsymbol{r}_2) - \phi_{\boldsymbol{q}'}(\boldsymbol{r}_2)) \tag{4.15d}$$

至少原则上，$\psi_\pm(\boldsymbol{r})$ 是物理上可以观测的状态. 于是，我们也可以对式 (4.14) 的右侧给出类似于上述对式 (4.13) 右侧的解释.

可以用更为一般的语言来讨论纠缠现象. 当我们的讨论是针对总系统的一个任意分解，而不限于“小子系统 + 大环境”这一构型时，我们用 A 与 B 来指称总系统的子系统分解. 换句话说，考虑一个由 A 与 B 两个子系统所组成的复合大系统 $\mathcal{T}$.

当大系统 $\mathcal{T}$ 的态矢量可以写为其子系统态矢量的直积时，即 $|\Psi_{\mathcal{T}}\rangle = |\psi_A\rangle|\varphi_B\rangle$，可以无歧义地赋予各子系统一个物理态，分别由态矢量 $|\psi_A\rangle$ 与 $|\varphi_B\rangle$ 来描述. 但是在更为一般的情况下，大系统的态矢量不能写成子系统态矢量的直积，此时人们称大系统处于纠缠态. 当大系统 $\mathcal{T}$ 处于纠缠态时，无法直接赋予子系统 A(或 B) 明确的态矢量.

纠缠的特性之一是它依赖于对子系统的划分方法. 对于一个给定的总系统，该特性有可能导致无法一般性地判断其内部是否存在纠缠. 举个例子，对于由两个非全同粒子所组成的系统 (比如氢原子)，其波函数可以按照粒子的自由度 $(\boldsymbol{x}_1, \boldsymbol{x}_2)$ 来写，也可以按照质心–相对坐标 $(\boldsymbol{r}, \boldsymbol{R})$ 来写. 在前者中的直积态，在后者的表述中常常是纠缠态，即

$$\psi_1(\boldsymbol{x}_1)\psi(\boldsymbol{x}_2) = \psi_1(\boldsymbol{x}_1(\boldsymbol{r},\boldsymbol{R}))\psi(\boldsymbol{x}_2(\boldsymbol{r},\boldsymbol{R})) \neq \phi_1(\boldsymbol{r})\phi_2(\boldsymbol{R}) \tag{4.16}$$

尽管具有一定的神秘性，纠缠可以被视为一种关联. 在一定程度上，其神秘性来源于我们对波函数 (态矢量) 本质的理解尚不透彻. 这里所谓“透彻”，带有一些哲学性含义，即是否有可能将一个概念置于一个宏大且统一的思考框架之中. 当然，任何框架总有其基础，而态矢量概念具有基础性特征.

4.2.2 约化密度算符 (矩阵)

考虑子系统 A 的一个可观测量 O_A, 在整个大系统的希尔伯特空间中, 相应的可观测量写为 $O = O_A \otimes I_B$. 其中, I_B 是子系统 B 的希尔伯特空间中的恒等算符. 算符 O 对子系统 B 而言是平凡的, 因此, 对整个大系统测量其可观测量 O, 相当于对子系统 A 测量其可观测量 O_A.

本小节的目的是证明下述性质：子系统的任意可观测量的期待值可以利用所谓约化密度矩阵 (reduced density matrix, RDM) 给出.

当整个大系统处于状态 $|\Psi\rangle$ 时, 可观测量 O 的期待值为

$$\overline{O} = \langle\Psi|O|\Psi\rangle = \sum_{i\alpha}\sum_{j\beta}\langle\alpha|\langle i|C_{i\alpha}^* O_A \otimes I_B C_{j\beta}|j\rangle|\beta\rangle = \sum_{ij\alpha} C_{i\alpha}^* C_{j\alpha}\langle i|O_A|j\rangle$$

利用 $C_{i\alpha} = \langle i|\langle\alpha|\Psi\rangle$ 以及 $\sum\limits_i |i\rangle\langle i| = I_A$, 可以将上面的表示式写成更为紧凑的形式, 即

$$\overline{O} = \sum_j \langle j|\left(\sum_\alpha \langle\alpha|\Psi\rangle\langle\Psi|\alpha\rangle\right) O_A|j\rangle$$

引入下面定义的约化密度矩阵：

$$\rho^A = \sum_\alpha \langle\alpha|\Psi\rangle\langle\Psi|\alpha\rangle \tag{4.17}$$

则

$$\overline{O} = \mathrm{tr}_A(\rho^A O_A) \tag{4.18}$$

其中, tr_A 代表在子系统 A 的希尔伯特空间中求迹. ρ^A 的形式其实是 $\mathcal{H}^A$ 空间中的一个算符, 因此也称为约化密度算符. 形式地, 式 (4.17) 可以写为 $\rho^A = \mathrm{tr}_B(|\Psi\rangle\langle\Psi|)$. 容易验证

$$\rho^A = \sum_{i,j} \rho_{ij}|i\rangle\langle j| \tag{4.19}$$

其中

$$\rho_{ij} = \sum_\alpha \langle i|\langle\alpha|\Psi\rangle\langle\Psi|\alpha\rangle|j\rangle \tag{4.20}$$

当大系统的状态由一个一般的混合态 ρ 所描述时, ρ^A 的定义为

$$\rho^A = \mathrm{tr}_B\,\rho \tag{4.21}$$

此时, 式 (4.18) 仍然成立.

可见, 如果我们知道了系统 A 在某一时刻的约化密度矩阵 $\rho^A(t)$, 就可以计算它在该时刻的任意可观测量的期待值. 因此, 当只关心子系统 A 时, 在一定意义上, 可以将 $\rho^A(t)$ 看作是对该子系统的状态的描述, 此时称 $\rho^A(t)$ 为子系统的约化态 (reduced state). 要注意的是, 当与环境的互作用不可忽略时, 仅仅利用 $\rho^A(t)$, 未必能够准确预言下一时刻的约化态.

最后, 我们提及一个重要概念, 即子系统 A 的冯 · 诺依曼熵, 记为 S_A. 其定义如下:

$$S_A = -\operatorname{tr}_A(\rho^A \ln \rho^A) \tag{4.22}$$

在一定程度上, 该量能够定量刻画 A 与 B 之间的纠缠.

4.3 约化态的主方程

我们简要讨论约化态所可能满足的演化方程.

4.3.1 概论

量子开放系统的演化是一个很复杂的问题, 人们使用过许多方法来研究此问题, 大体而言可以分为两类. 第一类方法, 也是大多数研究所使用的方法, 是试图直接利用约化态的含时演化方程 (如果有的话). 这种方程的微分形式通常称为主方程, 因此, 该类方法也称为主方程方法. 第二类方法是直接处理环境的影响, 本书后面会讨论. 主方程方法的核心是试图约化环境对子系统的影响, 使之表现为某种可以控制的作用. 该方法在许多文献与教科书中都有很详尽的论述 (比如, 见文献 [52,53]), 下面略述其大意.

我们回到总系统的 $S+\mathcal{E}$ 构型. 总系统的状态按幺正演化, 即

$$|\Psi(t)\rangle = \mathrm{e}^{-\mathrm{i}Ht/\hbar}|\Psi(0)\rangle \tag{4.23}$$

系统 S 的约化密度矩阵记为 $\rho^S(t)$, 由表示式 $\rho^S(t) = \operatorname{tr}_{\mathcal{E}}\rho(t)$ 给出, 有时也记为 ρ^{re}, 其中 $\rho(t)$ 是总系统的密度矩阵:

$$\rho(t) = |\Psi(t)\rangle\langle\Psi(t)| \tag{4.24}$$

一个有意义的问题是：是否 (在一定的情况下) 可以有效地忽略历史的影响而直接讨论子系统的约化密度矩阵的演化. 根据我们在宏观世界中所获得的经验, 至少在许多情况下, 这应该是可能的. 如果的确如此, 约化密度算符随时间的变化可以由其自身决定, 即

$$i\hbar\frac{\partial\rho^S}{\partial t}=\mathcal{L}\rho^S \tag{4.25}$$

其中, $\mathcal{L}$ 是作用于 ρ^S 的超算符. 前面提过, 上述类型的方程常常称为主方程 (master equation).

如果想要从总系统的薛定谔演化推导子系统的主方程, 必须引入额外的假设. 在推导有较好实用价值的主方程时, 一般都会用到 (不限于) 两个主要近似. 其一, 被称为玻恩近似. 其基本含义是, 当环境十分巨大、复杂且近似处于平衡态时, 子系统与环境的互作用不会为环境的状态带来实质性的变化. 其二, 被称为马尔可夫近似. 其基本含义是, 当前时刻的约化密度矩阵足以决定其演化, 而不需要与其历史有关的信息. 在不同的推导中, 上述两个近似的具体表示形式可能有所区别, 不过背后的精神基本如上所述.

4.3.2 主方程的形式推导

下面, 我们简要介绍一个形式地推导主方程的常用方法. 出发点是总系统的薛定谔方程, 其密度矩阵形式通常称为冯 · 诺依曼方程：

$$i\hbar\frac{d\rho}{dt}=[H,\rho] \tag{4.26}$$

采用互作用绘景 (interaction picture) 会为推导带来许多方便. 容易验证, 上述方程在该绘景中写为

$$i\hbar\frac{d\widetilde{\rho}}{dt}=[\widetilde{H}^I,\widetilde{\rho}] \tag{4.27}$$

其中, 我们用 "~" 代表互作用绘景中的量：

$$\widetilde{\rho}(t)=U_0^\dagger(t)\rho(t)U_0(t) \tag{4.28}$$

$$\widetilde{H}^I(t)=U_0^\dagger(t)H^I(t)U_0(t) \tag{4.29}$$

这里, U_0 是无互作用情况下的演化算符

$$U_0(t)=\exp\left(-iH^0t/\hbar\right) \tag{4.30}$$

注意, $U_0(0)=1$, 因此, $\widetilde{\rho}(0)=\rho(0)$.

形式上对式 (4.27) 的两端进行积分, 得到

$$\widetilde{\rho}(t)=\widetilde{\rho}(0)+\frac{1}{\mathrm{i}\hbar}\int_0^t \mathrm{d}\tau[\widetilde{H}^I(\tau),\widetilde{\rho}(\tau)] \tag{4.31}$$

然后, 再代入式 (4.27) 的右侧, 得到

$$\frac{\mathrm{d}\widetilde{\rho}(t)}{\mathrm{d}t}=\frac{1}{\mathrm{i}\hbar}[\widetilde{H}^I(t),\widetilde{\rho}(0)]-\frac{1}{\hbar^2}\int_0^t \mathrm{d}\tau\left[\widetilde{H}^I(t),[\widetilde{H}^I(\tau),\widetilde{\rho}(\tau)]\right] \tag{4.32}$$

对环境求迹, 这给出

$$\frac{\mathrm{d}\widetilde{\rho}^S(t)}{\mathrm{d}t}=\frac{1}{\mathrm{i}\hbar}\mathrm{tr}_{\mathcal{E}}\left\{[\widetilde{H}^I(t),\widetilde{\rho}(0)]\right\}-\frac{1}{\hbar^2}\int_0^t \mathrm{d}\tau\,\mathrm{tr}_{\mathcal{E}}\left\{\left[\widetilde{H}^I(t),[\widetilde{H}^I(\tau),\widetilde{\rho}(\tau)]\right]\right\} \tag{4.33}$$

在子系统的自身哈密顿量与互作用哈密顿量的划分这一点上, 其实存在一定的自由度. 具体而言, 可以将整体哈密顿量写为

$$H=H^S_{\mathrm{rm}}+H^{\mathcal{E}}+H^I_{\mathrm{rm}} \tag{4.34}$$

其中

$$H^S_{\mathrm{rm}}=H^S+O^S \tag{4.35}$$

$$H^I_{\mathrm{rm}}=H^I-O^S \tag{4.36}$$

这里, O^S 是系统 S 的希尔伯特空间中的一个任意厄米算符. 可以将 H^S_{rm} 解释为一个系统 S 的、重整化之后的自身哈密顿量, 而 H^I_{rm} 为重整化的互作用哈密顿量. 在许多具体模型的研究中, 人们发现有可能选取适当的算符 O^S 来做重整化, 使得下式成立, 即

$$\frac{1}{\mathrm{i}\hbar}\mathrm{tr}_{\mathcal{E}}\left\{[\widetilde{H}^I_{\mathrm{rm}}(t),\widetilde{\rho}(0)]\right\}=0 \tag{4.37}$$

这样, 在重整化之后的系统中, 式 (4.33) 简化为

$$\frac{\mathrm{d}\widetilde{\rho}^S(t)}{\mathrm{d}t}=-\frac{1}{\hbar^2}\int_0^t \mathrm{d}\tau\,\mathrm{tr}_{\mathcal{E}}\left\{\left[\widetilde{H}^I_{\mathrm{rm}}(t),[\widetilde{H}^I_{\mathrm{rm}}(\tau),\widetilde{\rho}(\tau)]\right]\right\} \tag{4.38}$$

在下面的讨论中, 我们假设式 (4.37) 成立, 并且使用重整化之后的哈密顿量. 为了简便, 我们忽略下标 “rm” .

式 (4.38) 是大多数主方程推导的出发点. 在不同的推导中, 人们使用各式各样的近似, 以期将等式右侧变为可以在一定程度上进行处理的样子. 通常考虑的初态为密度矩阵的直积态

$$\rho(0)=\rho^S(0)\otimes\rho^{\mathcal{E}}(0) \tag{4.39}$$

这样做有以下几个理由：(1) 这样的初态实验上较为容易制备；(2) 解析上较为容易处理；(3) 可以在一定程度上避免可逆性问题.

在比较理想的情况下, 我们会希望能够将式 (4.38) 的右侧近似写为一个在 t 时刻的约化态 [即 $\widetilde{\rho}^S(t)$] 的函数, 从而得到式 (4.25) 的样子. 一般而言, 这是做不到的, 但是人们发现在一些特殊的物理系统中这有可能做到. (一个例子是做布朗运动的量子粒子.) 在一般的讨论中, 为达此目的, 一个常常使用的近似是玻恩近似, 即约化态在任意时间 $t>0$ 近似保持直积态 (4.39) 的样子：

$$\widetilde{\rho}(\tau) \simeq \widetilde{\rho}^S(\tau) \otimes \widetilde{\rho}^{\mathcal{E}} \tag{4.40}$$

且其中的环境部分 $\widetilde{\rho}^{\mathcal{E}}$ 可以近似为一个常数矩阵. 此近似背后的基本物理思想是, 环境是一个无穷大的热库, 其性质仅仅决定于其温度, 且大环境的弛豫时间尺度远远小于系统的响应时间. 在上述近似下, 得到

$$\frac{\mathrm{d}\widetilde{\rho}^S(t)}{\mathrm{d}t} = -\frac{1}{\hbar^2}\int_0^t \mathrm{d}\tau \, \mathrm{tr}_{\mathcal{E}}\left\{\left[\widetilde{H}^I(t), [\widetilde{H}^I(\tau), \widetilde{\rho}^S(\tau)\otimes\widetilde{\rho}^{\mathcal{E}}]\right]\right\} \tag{4.41}$$

接下来, 做马尔可夫近似. 具体而言, 马尔可夫近似假设可以忽略式 (4.41) 右侧的那些明显不同于 $\widetilde{\rho}^S(t)$ 的约化态 $\widetilde{\rho}^S(\tau)$ 的贡献. 该近似背后的物理思想是, 总系统的运动有一定的无规性, 从而弱化了 (或者抹平了) 历史的作用. 这意味着, 在式 (4.41) 的右侧可以做下述替换：

$$\widetilde{\rho}^S(\tau) \to \widetilde{\rho}^S(t) \tag{4.42}$$

得到

$$\frac{\mathrm{d}\widetilde{\rho}^S(t)}{\mathrm{d}t} = -\frac{1}{\hbar^2}\int_0^t \mathrm{d}\tau \, \mathrm{tr}_{\mathcal{E}}\left\{\left[\widetilde{H}^I(t), [\widetilde{H}^I(\tau), \widetilde{\rho}^S(t)\otimes\widetilde{\rho}^{\mathcal{E}}]\right]\right\} \tag{4.43}$$

这样, 得到了一个关于 $\widetilde{\rho}^S(t)$ 的微分方程, 它具有主方程式 (4.25) 的样子, 只是超算符的形式比较复杂.

式 (4.43) 的右侧正比于互作用强度的平方, 即 λ^2, 而互作用的一次项贡献已经由于引入假设式 (4.37) 而被重整掉了. 需要注意的是, 上述方程并非简单的二阶含时扰动论的结果, 因为玻恩近似与马尔可夫近似都不是扰动论所能够证明的. 事实上, 由于使用了这两个近似, 可以预期式 (4.43) 适用的时间范围会超过二阶扰动论的范围. 对适用的时间范围进行估计是一个很难的课题, 尤其是考虑到误差会随着时间而积累.

4.3.3 Lindblad 形式的主方程

将 $\widetilde{H}^I(\tau)$ 等算符的具体表示式代入式 (4.25), 原则上可以推导出更为具体的、关于子系统的主方程. 对于一般的哈密顿量, 这种推导并不容易. 不过, 在一些特定的情况下做一定的近似, 人们还是推导出了许多具体的主方程. 从解析角度了解得较多的是林德布拉德 (Lindblad) 形式的主方程.

在很一般的条件下——主要是密度矩阵的正定性, Lindblad 从数学上证明, 如果式 (4.25) 成立, 则算符 $\mathcal{L}$ 可以被写成下述特殊形式, 通常称为 Lindblad 形式. 即

$$\begin{aligned}\mathcal{L}(\rho^S) &= -\frac{\mathrm{i}}{\hbar}[H^S,\rho^S] - \sum_{k=1}^{N^2-1}\frac{1}{2}\left(\{L_k^\dagger L_k,\rho^S\} - 2L_k\rho^S L_k^\dagger\right) \\ &\equiv -\frac{\mathrm{i}}{\hbar}[H^S,\rho^S] + \sum_{k=1}^{N^2-1}\left(L_k\rho^S L_k^\dagger - \frac{1}{2}L_k^\dagger L_k\rho^S - \frac{1}{2}\rho^S L_k^\dagger L_k\right)\end{aligned} \tag{4.44}$$

其中, N 是子系统的希尔伯特空间维数, L_k 是一套正交归一 (trace-class) 算符, 称为 Lindblad 算符. 由于 ρ^S 是一个迹为 1 的、 N^2 维矩阵, 存在 (N^2-1) 个 L_k 算符并不奇怪. 式 (4.44) 的特殊性在于其右侧只包括一些特殊形式的组合, 这种组合保证了 ρ^S 的正定性.

第 5 章

环境诱导的退相干

本章我们讨论量子多体系统薛定谔演化的一个有趣且重要的性质，即量子纠缠会导致（与复杂环境互作用的）子系统在一定程度上失去本来拥有的相干性．这一现象称为退相干（decoherence），即相干性的退去．[①]我们再次强调，本书侧重理论解析分析，不讨论纯数值结果．

① decoherence 一般翻译为退相干，有时翻译为消相干．退与消两个字的主要区别在于，退字偏重其自身性质所致，而消字偏重外界的手段，而且消的程度似强于退．如果强调系统的相干性是为环境所消去，可以用消相干一词；如果强调相干性的丧失源于总系统的薛定谔演化，则退相干为妥．综合考虑，我们取退相干一词．后面由于类似的原因，我们将 dephasing 翻译为消相位，强调环境抹去了子系统的不同分量之间的有效相对相位．

5.1 退相干泛论

退相干的早期研究主要是在量子力学基础 (包括诠释) 领域中进行的, 尤其与测量问题相关. 其基本思想可以追溯到美国物理学家艾弗雷特 (Everett), 他提出了量子力学的相对态诠释 (relative state interpretation). ① 他研究了多体系统, 发现多体波函数的纠缠性有可能抑制子系统状态之间的量子相干性, 从而使子系统的行为表现出一定的经典性. 他为这类现象赋予了更为思辨的意义与性质, 并用来解释测量总是会给出确定性结果这一基本事实.

20 世纪 60—70 年代, 德国物理学家 Zeh 开了解析定量研究退相干的先河. [54] 他的工作显示, 整体薛定谔演化所产生的纠缠有可能破坏子系统的内在相干性, 从而为解释宏观状态之间量子相干性的消失提供了一个可能的机制. 其后, 在 80 年代初, 波兰裔美国物理学家 Zurek 将退相干与测量问题的关系阐述得更为清楚. [55] 他给出了在物理上更为直观的论证, 发明了能够说明该现象的简单模型, 尤其是提出指针态 (也称指针基)(pointer state/basis) 这一重要概念并给予了一定的分析. 就字面含义而言, 指针态指的是宏观测量仪器的指针所能处的、稳定的量子状态.

上述研究工作具有重要的基础意义, 但是在概念方面面临许多难度很大的问题. 困难之一在于测量仪器的 "宏观态" 这一概念的具体含义. 一方面, 从直观与实验积累的角度看, 它几乎是一个自明的概念. 另一方面, 从理论基础与逻辑的角度看, 它需要一个明确的定义. 但是, 在量子力学的框架中如何给它一个明确的定义, 这远不是一个简单的问题. 后来的研究表明, 退相干现象会存在于各种量子系统之中. 事实上, 在大多数情况下, 前述关于测量仪器 "宏观态" 的困难并不妨碍在大多数物理领域中研究具体量子系统的退相干现象.

从历史的角度看, "退相干" 一词曾经在不同的时间、不同的领域中被独立引入. 这导致了措辞上的复杂局面, 即退相干一词的含义在不同领域中可能有所不同. 比较有代表性的为下述几种.

(1) 在最为广义的用法中, 任何相干性的消失都可称为退相干. 此用法一般为关心具体问题的研究者针对具体对象所用. 其具体定义在不同领域中会有很大差别.

---

① 该诠释现在大多冠以多世界诠释 (many-worlds interpretation) 之名.

(2) 使用频率最高的定义由约化密度矩阵给出, 即 ρ^{re} 在某基矢 (指针基) 上的非对角元衰减, 且趋于可以被忽略.

(3) 在量子力学基础领域中指确定性的出现, 要求相干性永远消失.

在上述形势下, 退相干领域的研究发生了分化, 分化为两个交叠不是很多的部分. 一部分延续旧的思路, 主要目的仍然是巩固量子力学基础, 试图解决测量问题, 尤其是为宏观确定性的出现给出一个诠释. 虽然该部分聚焦宏观系统, 但是当需要给出具体计算以提供证据的时候, 由于现有的解析与数值计算能力十分有限, 通常只能考虑相对小的系统.

另一部分几乎完全关注小的子系统. 也就是说, 在具体物理领域中, 关注微观系统量子态之间量子相干性的消失, 并不涉及任何有关宏观态的讨论. 其实, 不论是 Zeh 还是 Zurek, 他们所给出的较为具体的研究, 所针对的都是微观系统的量子态. 本章的内容, 如果没有特别说明, 所涉及的就是退相干领域的这一部分, 尤其是在上述退相干第二种含义下、被研究得最为深入的那一部分, 即 Zurek 所说的环境诱导的退相干. 为了简便, 有时我们会省略"环境诱导的"这一定语. 虽然没有严格证明, 根据直观与经验, 众多物理学家认为环境诱导的退相干是一个十分普遍的现象.

当前, 环境诱导的退相干现象是许多物理领域的关注重点之一. 尤其是在量子信息领域, 退相干是实现有效量子计算的最大拦路虎. 在这些研究中, 指针基 (态) 一词所指称的对象有所变化, 一般指微观系统的性质, 与测量仪器的指针并没有直接关系. 在名称上也有所变化, 指针基常常被称为"preferred pointer basis", 或者简单地称为"preferred basis", 我们翻译为特选基.

5.2 量子相干性的数学描述

在讨论退相干之前, 我们先来明确相干性的含义. 该概念在经典物理与量子物理中都很重要, 一个著名的例子是双缝实验. 一般而言, 相干性指的是波所拥有的下述特性: 处于 $\psi_1+\psi_2$ 状态的系统, 可以拥有 ψ_1 与 ψ_2 各自都没有的性质. 这一性质, 在经典波动力学中常常称为波的干涉效应.

我们来考察一个处于状态 $|\psi\rangle$ 的量子系统. 当我们称 $|\psi\rangle$ 含有相干性时, 我们指它含有内在相干性, 即它的两个分量之间的相干性. 为了明确起见, 我们写 $|\psi\rangle=|\psi_1\rangle+|\psi_2\rangle$, 则相干性表现为 $|\psi_1\rangle$ 与 $|\psi_2\rangle$ 之间的相干性. (这里, $|\psi_1\rangle$ 与 $|\psi_2\rangle$ 未必

归一化.）一个任意的可观测量 O 在该状态上的期待值可以写为

$$\overline{O} = O_1 + O_2 \tag{5.1}$$

其中

$$O_1 = \langle\psi_1|O|\psi_1\rangle + \langle\psi_2|O|\psi_2\rangle \tag{5.2}$$

$$O_2 = \langle\psi_1|O|\psi_2\rangle + \langle\psi_2|O|\psi_1\rangle \tag{5.3}$$

O_1 中的两项分别仅仅依赖于 $|\psi_1\rangle$ 与 $|\psi_2\rangle$，而 O_2 中的两项都既依赖于 $|\psi_1\rangle$ 又依赖于 $|\psi_2\rangle$，因此，$|\psi_1\rangle$ 与 $|\psi_2\rangle$ 之间的相干性体现于 O_2.

为了更为简洁地体现上述特点，我们将状态的密度矩阵写为两个部分，记为 ρ_{d} 与 ρ_{nd}，即 $\rho = |\psi\rangle\langle\psi| = \rho_{\mathrm{d}} + \rho_{\mathrm{nd}}$，其中

$$\rho_{\mathrm{d}} = |\psi_1\rangle\langle\psi_1| + |\psi_2\rangle\langle\psi_2| \tag{5.4a}$$

$$\rho_{\mathrm{nd}} = |\psi_1\rangle\langle\psi_2| + |\psi_2\rangle\langle\psi_1| \tag{5.4b}$$

于是

$$O_1 = \mathrm{tr}(\rho_{\mathrm{d}} O) \tag{5.5}$$

$$O_2 = \mathrm{tr}(\rho_{\mathrm{nd}} O) \tag{5.6}$$

由于上述表示式对于任意可观测量 O 都成立，$|\psi\rangle$ 的两个分量之间的相干性由 ρ_{nd} 给出. 当 $|\psi_1\rangle$ 与 $|\psi_2\rangle$ 正交且被用作基矢时，ρ_{d} 与 ρ_{nd} 分别给出 ρ 在该基矢上的对角与非对角部分.

下面，我们讨论开放系统情况. 记所关心的子系统为 A，其环境为 B，假设我们能够确定 A 处于状态 $|\psi_A\rangle = |\psi_1\rangle + |\psi_2\rangle$. 这意味着，总系统的状态可以写为 $|\Psi\rangle = |\psi_A\rangle \otimes |\Phi_B\rangle$. 我们想要了解的是两个分量 $|\psi_1\rangle$ 与 $|\psi_2\rangle$ 之间的相干性. 类似地，我们有 $\rho^{\mathrm{re}} = \mathrm{tr}(|\Psi\rangle\langle\Psi|) = \rho_{\mathrm{d}}^{\mathrm{re}} + \rho_{\mathrm{nd}}^{\mathrm{re}}$，其中

$$\rho_{\mathrm{d}}^{\mathrm{re}} = |\psi_1\rangle\langle\psi_1| + |\psi_2\rangle\langle\psi_2| \tag{5.7a}$$

$$\rho_{\mathrm{nd}}^{\mathrm{re}} = |\psi_1\rangle\langle\psi_2| + |\psi_2\rangle\langle\psi_1| \tag{5.7b}$$

该描述对子系统 A 的可观测量 O 的期待值的预言为

$$\overline{O}_A = O_1 + O_2 \tag{5.8}$$

其中

$$O_1 = \mathrm{tr}(\rho_{\mathrm{d}}^{\mathrm{re}} O_A), \quad O_2 = \mathrm{tr}(\rho_{\mathrm{nd}}^{\mathrm{re}} O_A) \tag{5.9}$$

可见, 两个分量之间的相干性由 $\rho^{\mathrm{re}}_{\mathrm{nd}}$ 给出. 容易看出, 上述结论可以直接推广到更为一般的多分量分解情况.

总之, 谈论相干性, 首先要确定是什么状态分量之间的相干. 当状态分量正交时, 按照它们构造基矢, 则约化密度矩阵的非对角项能够反映相干性的存在与消失. 下面为了简便, 当不明确说明时, 相干性都指某基矢分量之间的相干性, 反映于约化态在该基矢上的非对角项.

5.3 环境诱导退相干的基本含义

所谓环境诱导的退相干指的是, 在总体薛定谔演化下, 复杂环境的运动会通过纠缠导致子系统发生退相干. 本书中我们主要讨论具有分立谱的子系统的退相干. (连续谱的情况很不相同.)

我们先来考虑子系统 S 的一套一般性的正交归一基矢系, 记为 $\{|\mu\rangle\}$. 根据前面的约定, 如果初始时刻的约化密度矩阵 ρ^S 在该基矢上有非零的非对角项, 而经过一段时间之后, 所有非对角项 $\rho^S_{\mu\nu}$ 都小到可以忽略, 则称发生了退相干. 为了讨论简便, 我们假设 $\rho^S(t)$ 拥有非简并的本征谱.

退相干是指约化态 ρ^S 有可能在某套基矢上拥有为零的非对角项吗? 答案显然是否定的. 事实上, 作为厄米算符, ρ^S 总可以对角化, 其本征矢就是 Schmidt 分解中所使用的矢量, 我们记 $|\psi^A_k\rangle$. (见附录 K 中的式 (K.4).) 显然, 在其本征表象中, ρ^S 的非对角元总为零.

将总系统的初态 $|\Psi(0)\rangle$ 按照基矢 $\{|\mu\rangle\}$ 来展开:

$$|\Psi(0)\rangle = \sum_{\mu} |\mu\rangle|\Phi^{\mathcal{E}}_{\mu}(0)\rangle \tag{5.10}$$

其中, $|\Phi^{\mathcal{E}}_{\mu}(0)\rangle$ 是环境的分量, 后面也称为环境的分支. 我们考虑的是一个可以被视为孤立演化的总系统, 因此, 其时间演化为薛定谔演化, $|\Psi(t)\rangle = \mathrm{e}^{-\mathrm{i}Ht}|\Psi(0)\rangle$. 对演化态做类似展开:

$$|\Psi(t)\rangle = \sum_{\mu} |\mu\rangle|\Phi^{\mathcal{E}}_{\mu}(t)\rangle \tag{5.11}$$

容易看出, 环境分支 $|\Phi^{\mathcal{E}}_{\mu}(t)\rangle$ 满足下式:

$$|\Phi^{\mathcal{E}}_{\mu}(t)\rangle = \langle\mu|\Psi(t)\rangle \tag{5.12}$$

注意到

$$\rho^S_{\mu\nu} = \langle\mu|\mathrm{tr}_{\mathcal{E}}(\rho)|\nu\rangle = \mathrm{tr}_{\mathcal{E}}(\langle\mu|\rho|\nu\rangle) = \mathrm{tr}_{\mathcal{E}}(\langle\mu|\Psi\rangle\langle\Psi|\nu\rangle) = \langle\Phi^{\mathcal{E}}_\nu|\Phi^{\mathcal{E}}_\mu\rangle \tag{5.13}$$

可以看出, 子系统的约化密度矩阵可以利用环境的分支表示如下:

$$\rho^S_{\mu\nu}(t) = \langle\Phi^{\mathcal{E}}_\nu(t)|\Phi^{\mathcal{E}}_\mu(t)\rangle \tag{5.14}$$

在环境导致退相干的领域中, 最重要且深刻的发现之一可能是下述性质: 尽管约化态 $\rho^S(t)$ 的本征基矢系——前面提过的 Schmidt 分解态 $\{|\psi^A_k\rangle\}$——随时间而变化, 该基矢系却有可能呈现一定的特殊变化模式. 具体而言如下.

- 有可能存在子系统的一个固定基矢系, 记为 Σ, 使得 $\rho^S(t)$ 的本征基矢系在一段特定的时间内围绕 Σ 做小的涨落. ① ②

上述性质首先是通过一些一般性的论证与一些具体模型计算所发现的. [55-61] (综述见 [63-65].) 现在, 有更多的理由期待它可能在较为广泛的系统中成立, 虽然确切的范围还很难说清楚.

上述基矢系 Σ 的存在, 为研究退相干行为提供了一个合适的框架. 虽然该框架未必满足 Zurek 所讨论的指针基的所有性质, 但是从物理图像的角度看, 还是应该存在一定的联系. 在文献中, 会将 Σ 基矢系称为特选指针基 (preferred pointer basis). 当强调它与测量仪器没有任何关系的时候, 简称为特选基 (preferred basis). 简单地说, 前述退相干领域中的重要发现就是指特选基的存在. (后面, 在第5.7.1小节我们会做更为详细的讨论.)

在下面的讨论中, 我们考虑一个简单情况下的特选基, 即假设特选基是固定的而不随时间变化. 这种情况下, 薛定谔演化主要反映在环境分支的变化上. 同样的原因, 我们也讨论固定基矢系 $\{|\mu\rangle\}$.

---

① 在这一叙述中, 我们假设 $\rho^S(t)$ 的本征谱没有简并, 否则需要考虑相应的子空间.

② 对于拥有有限状态空间的总系统而言, 由于总体薛定谔演化的准周期性, 这一性质不可能在 $t\to\infty$ 时一直成立. 这一点在物理上并非一定构成实际的困难. 事实上, 物理上只能在有限的时间内进行实验验证, 而多体系统的有效状态空间对于物理学家的实验而言相当于无穷大.

5.4 若干重要分类与说明

1. 退相干解析研究方法的分类

在研究环境导致的退相干时, 最大困难来自于与巨大环境的互作用. 从一般角度看, 至少可以将处理该问题的解析方法分为两类. 第一类是具有一定普适性的方法. 原则上, 它们至少可以应用于某一较大类的系统, 不过在具体应用中有可能遇到严重的技术困难. 在退相干领域中使用得最多的方法——主方程方法, 即属于此类 (见后面第5.5.3小节的讨论). 在后面第5.6节中将要介绍的方法, 是一个很有潜力的普适性方法.

第二类方法, 是针对具体特殊系统所发展起来的特殊性方法. 原则上, 它们难以应用于其他系统. 但是针对特定系统中的退相干问题, 相对于第一类方法而言, 它们有可能给出更为深入细致的解答, 在第5.5.1小节中将介绍一个例子. 有些研究方法看似特殊, 但是其主要技巧有被推广的可能性, 在第5.5.2小节中所要介绍的方法即属于此类.

2. 退相干与时间段

特选基的涌现, 以及伴随其上的退相干的发生, 通常与特定的时间段相关. 换句话说, 在不同的时间段, 退相干有可能呈现不同的特征 (包括退相干是否会发生). 根据经验与后面的一些分析, 可以分出以下四个时间段.

- $\varGamma^{\text{decoh}}_{\text{衰减}}$: 从初始时刻开始的一段时间. 其间约化密度矩阵的非对角项呈现某种特定的快速衰减行为. 此为主要衰减时间段. (有可能需要除去一个很短的最初时间段, 在那里约化态几乎不发生变化.)

- $\varGamma^{\text{decoh}}_{\text{中间}}$: 在 $\varGamma^{\text{decoh}}_{\text{衰减}}$ 时间段之后. 其间平均而言, 约化密度矩阵的非对角项有可能呈现相对较慢的衰减行为, 也有可能是不那么规则的行为.

- $\varGamma^{\text{decoh}}_{\text{稳态}}$: 在 $\varGamma^{\text{decoh}}_{\text{中间}}$ 时间段之后, 约化密度矩阵的非对角项进入稳态, 即围绕某固定值进行小的涨落.

- $\varGamma^{\text{decoh}}_{\text{回归}}$: 薛定谔演化的准周期性产生效应, 使得约化密度矩阵的非对角项有可能呈现一些 "恢复性" 变化. (这种 "恢复" 通常只发生于一些很短的时间段.)

上述时间段也有可能进一步细分.

下面做一些简单的讨论. 在 $\Gamma^{\text{decoh}}_{\text{衰减}}$ 时间段结束时, 约化态的本征基矢系框架大体稳定下来, 从而特选基涌现出来. 此时, 约化态在特选基上的非对角项变小. 如果能够确认玻恩近似与马尔可夫近似的适用性, 主方程方法有可能适用于研究 $\Gamma^{\text{decoh}}_{\text{衰减}}$ 时间段.

$\Gamma^{\text{decoh}}_{\text{中间}}$ 时间段的解析研究具有很大的不确定性. 其主要原因是, 主方程方法可能由于时间较长而失效.

在 $\Gamma^{\text{decoh}}_{\text{稳态}}$ 时间段, 已经没有理由保证主方程的适用性. 稳态的存在常常意味着特选基的存在, 虽然还需要满足后面将会讨论的一些条件. 此时的特选基, 有可能与 $\Gamma^{\text{decoh}}_{\text{衰减}}$ 时间段的特选基一致, 也有可能 (由于互作用的原因) 有一些差别. 约化态在这一时间段的行为主要为热化领域的研究所关注.

在 $\Gamma^{\text{decoh}}_{\text{回归}}$ 时间段, 由于薛定谔演化的准周期性, 束缚态系统的任何状态在足够长时间之后都会在任意精度上回归, 导致相干性的短暂恢复. 从实验的角度看, 在大多数情况下, 该时间段在物理上不具有被关注的意义. 事实上, 在现实系统中, 上述回归时间通常超过宇宙的寿命. 总之, 对于多体系统, 由于物理上的原因几乎没有必要关注 $\Gamma^{\text{decoh}}_{\text{回归}}$ 时间段.

3. 关于特选基的定义与鲁棒性

前面我们并没有给出特选基的严谨定义. 事实上, 特选基概念的引入系立足于物理直观与对物理实验的经验分析, 现在尚没有严谨、被普遍接受而且唯一的定义. 这是退相干领域尚未完全成熟的表现之一. 在第5.7节, 我们将对此概念做进一步的讨论.

在对特选基的理解中, 至少需要包含一点, 即特选基对于初态的某些性质或者互作用的某些性质不敏感. 在文献中, 从 Zurek 开始, 将这类不敏感性称为鲁棒性 (robustness). 尽管在一些具体模型中鲁棒性的直观物理含义可能是明显的, 由于多种原因, 鲁棒性作为概念而言, 并没有广泛使用的、十分明确且严格的定义. 从文献中已有的讨论来看, 鲁棒性与初态不敏感性的关系密切.

4. 不同物理考虑下的基矢系

显然, 针对不同的物理问题可能需要侧重于不同的基矢系. 与退相干相关, 至少有两类不同的基矢系需要考虑. 一个是特选基, 它的性质主要由物理系统的演化特征所决定. 尤其是在一定的时间段中, 约化密度矩阵在特选基上具有较为简单的 (近似) 对角形式.

在一些物理应用中, 所关注的基矢有可能在一开始就由物理条件确定下来. 我们称这类基矢系为应用基. 比如在一些应用中, 所关心的是那些其相干性在物理上更容易操控与测量的基矢, 这一点在量子信息领域中尤为突出. 一个有趣的现象是, 当退相干发生于特选基上时, 如果一个特选基矢是一些应用基矢的叠加, 则这些应用基矢之间的相干性得以保留.

5. 耗散互作用

“耗散”一词本来被用于非保守的经典系统, 指中心系统的能量可以被消耗掉且被环境所吸收. 现代物理学中, 在讨论 (量子) 子系统与其 (量子) 环境的互作用时, 也会使用该词, 指子系统的哈密顿量与互作用哈密顿量不互易的情况. 这种不互易性有可能导致能量在子系统与其环境之间传输.

5.5 常用的三种研究方法及示例

从前面的讨论我们知道, 对于环境诱导退相干现象的研究有两个主要内容. 其一, 确定特选基的存在与性质; 其二, 在特选基上确定约化密度矩阵的非对角项的衰减率. 本节我们以示例方式, 介绍可以被用来研究环境诱导退相干的三种解析方法的基本思路. 从解析研究角度来看, 子系统与环境的无耗散互作用情况远比有耗散情况简单. 本节所给的例子都属于前者. 前面讲过, 无耗散互作用指子系统哈密顿量与互作用哈密顿量互易, 即 $[H^S, H^I] = 0$.

第5.5.1小节讨论一个可以严格求解的简单模型. 对于退相干过程, 它可以给出一个虽然有局限性、但是简单且直观的图像. 第5.5.2小节讨论一个直接对热库求平均的方法, 该方法在统计平均的意义上属于严格求解类型, 其应用对象是约化密度矩阵非对角项在较短时间 $\Gamma_{\text{衰减}}^{\text{decoh}}$ 的行为. 第5.5.3小节讨论主方程方法在一个简单的无耗散模型中的应用, 讨论的仍然是 $\Gamma_{\text{衰减}}^{\text{decoh}}$ 时间段. 一般而言, 虽然主方程的适用范围不限于无耗散互作用, 但是解析求解有耗散情况主方程的难度通常很大.

5.5.1 严格解析求解法

虽然只有少数物理模型有严格的解析解, 但是对这些解析解进行细致与深入的分析对物理学而言有重要的价值, 为理解许多物理机制提供重要的参考. 下面, 我们简要介绍 Zurek 研究过的一个可以展示退相干现象的简单可解模型, [56, 62, 64] 其详细讨论见附录 I.

模型由 $(N+1)$ 个 1/2 自旋所组成, 每个自旋有固定的位置 (比如对应于某晶格中一个格点上原子的自旋), 因此可以当作可分辨粒子来处理. 我们取其中一个自旋为系统 S, 记为第 0 个自旋; 其他 N 个自旋为环境 $\mathcal{E}$, 分别记为第 $k=1,\cdots,N$ 个自旋. 为了简化讨论, 我们假设环境 $\mathcal{E}$ 内的自旋之间没有互作用, 而且自旋 S 被耦合到 $\mathcal{E}$ 中的每个自旋. 考虑无外磁场情况, 子系统与环境的自身哈密顿量都为零, $H^S=0$, $H^{\mathcal{E}}=0$, 于是总哈密顿量就是互作用哈密顿量. 我们在自旋 z 方向的本征基上进行讨论, 记 S 的自旋向上与向下的两个本征态分别为 $|\Uparrow\rangle$ 与 $|\Downarrow\rangle$, 而环境 $\mathcal{E}$ 中的自旋向上与向下的两个本征态分别为 $|\uparrow\rangle$ 与 $|\downarrow\rangle$.

模型的总哈密顿量为

$$H=H^I=H^{IS}\otimes H^{I\mathcal{E}} \tag{5.15}$$

其中

$$H^{IS}=|\Uparrow\rangle\langle\Uparrow|-|\Downarrow\rangle\langle\Downarrow| \tag{5.16}$$

$$H^{I\mathcal{E}}=\sum_{k=1}^{N}g_k(|\uparrow_k\rangle\langle\uparrow_k|-|\downarrow_k\rangle\langle\downarrow_k|)\bigotimes_{l\neq k}I_l \tag{5.17}$$

我们假设耦合系数 $g_k\neq 0$, 否则第 k 个自旋与其他自旋没有任何互作用, 可以被忽略. 总之, 该模型有下述性质: (1) 自旋 S 与环境 $\mathcal{E}$ 的自身哈密顿量都为零; (2) 自旋 S 与环境 $\mathcal{E}$ 中的每一个自旋都有互作用; (3) 互作用并不改变自旋方向.

考虑初态

$$|\Psi(0)\rangle=(a|\Uparrow\rangle+b|\Downarrow\rangle)\bigotimes_{k=1}^{N}(\alpha_k|\uparrow\rangle+\beta_k|\downarrow\rangle) \tag{5.18}$$

它满足归一化条件

$$|a|^2+|b|^2=1,\quad |\alpha_k|^2+|\beta_k|^2=1 \tag{5.19}$$

注意, 此初态中自旋 S 的两个分量 $|\Uparrow\rangle$ 与 $|\Downarrow\rangle$ 之间有相干性, 可以利用施特恩–格拉赫 (Stern-Gerlach) 实验来观测. 取 $\hbar=1$, 薛定谔演化之后的态, $|\Psi(t)\rangle=\mathrm{e}^{-\mathrm{i}Ht}|\Psi(0)\rangle$, 可以写为下述形式:

$$|\Psi(t)\rangle=a|\Uparrow\rangle|E_\uparrow(t)\rangle+b|\Downarrow\rangle|E_\downarrow(t)\rangle \tag{5.20}$$

约化密度矩阵, $\rho^{\mathrm{re}}=\mathrm{tr}_{\mathcal{E}}|\Psi(t)\rangle\langle\Psi(t)|$, 可以表示为

$$\rho^{\mathrm{re}}=aa^*|\Uparrow\rangle\langle\Uparrow|+bb^*|\Downarrow\rangle\langle\Downarrow|+ab^*z^*(t)|\Uparrow\rangle\langle\Downarrow|+a^*bz(t)|\Downarrow\rangle\langle\Uparrow| \tag{5.21}$$

其中, $z(t)=\langle E_\uparrow|E_\downarrow\rangle$. 可以证明, $z(t)$ 大体呈现指数式衰减

$$|z(t)|^2\simeq \mathrm{e}^{-\lambda t^2} \tag{5.22}$$

其中, λ 是衰减率, $\lambda \propto N$. 在 $N \to \infty$ 的极限下, 通常 $\lambda \to \infty$.

当 $\lambda t^2 \gg 1$ 时, $|z(t)| \simeq 0$, 约化密度矩阵在基矢 $\{|\Uparrow\rangle, |\Downarrow\rangle\}$ 上有下列对角形式:

$$\rho^{\mathrm{re}}(t) \simeq aa^*|\Uparrow\rangle\langle\Uparrow| + bb^*|\Downarrow\rangle\langle\Downarrow| \tag{5.23}$$

约化态的上述对角形式意味着退相干已发生, 即 $|\Uparrow\rangle$ 分量与 $|\Downarrow\rangle$ 分量之间的相干性已经消失. 约化态几乎没有非对角项这一结果, 不依赖于初态中参数的具体取值, 因此是初态无关的. 这意味着基矢 $\{|\Uparrow\rangle, |\Downarrow\rangle\}$ 是特选基. 通常, 将 $|z(t)|$ 衰减到其初值的 $1/\mathrm{e}$ 的时间称为退相干时间, 记为 τ_{d}. 在上述模型中, $\tau_{\mathrm{d}} \propto N^{-1/2}$.

5.5.2 热库直接平均法

从解析研究退相干的角度看, 将环境假设为热库, 这是最容易处理的情况之一. [①] 在第4.3.2小节所介绍的、形式上推导主方程的方法中, 就用到了此假设. 事实上, 在此假设之下, 对于一些特殊系统, 有可能直接计算统计平均, 从而推导出约化密度矩阵的性质.

利用上面提到的方法, 文献 [60] 研究了一个小的子系统与其环境有强互作用的模型. 该文献的作者关注短时间内约化态的行为, 因此忽略子系统的自身哈密顿量对演化的影响. 环境是由 $N(N \gg 1)$ 个谐振子所组成的热库, 具有已知的平均性质. 更为具体而言, 模型中的子系统 S 与环境中的每一个谐振子 (用 i 标记) 通过其位置算符 $\hat{q}_i$ 线性耦合:

$$H_{\mathrm{int}} = \hat{S} \sum_{i=1}^{N} g_i \hat{q}_i \tag{5.24}$$

其中, $\hat{S}$ 代表子系统的一个厄米算符, 而 g_i 是耦合系数. 利用谐振子的特殊性、互作用的线性性质以及热库的热态表示式, 从整个大系统的薛定谔演化出发, 上述文献直接推导了约化密度矩阵的含时行为. (从他们的结果可以容易地推导出主方程.) 利用对热库的平均, 他们得到了约化态在较短时间内的下述行为:

$$\langle s|\rho^S(t)|s'\rangle = \exp\left\{-(s-s')^2 f(t) + \mathrm{i}(s^2 - s'^2)\varphi(t)\right\}\langle s|\rho^S(0)|s'\rangle \tag{5.25}$$

其中, s 是 $\hat{S}$ 的本征值, $\hat{S}|s\rangle = s|s\rangle$, $f(t) \geqslant 0$, 且 $\varphi(t)$ 是实函数. 对于足够短的时间 t, $f(t) \propto t^2$; 而时间稍长之后, $f(t) \propto t$. 从上式可见, 随着偏差 $|s-s'|$ 的增加, 或者随着时间的增加, 约化态的非对角项快速衰减. 其最后结论如下:

① 在将环境视为热库的处理方法中, 通常需要强加下述要求, 即系统与环境之间的互作用对热库的影响可以被忽略, 否则热库未必能够保持在热平衡态.

- 在强互作用下的时间段 $\Gamma_{\text{衰减}}^{\text{decoh}}$ 之内, 约化态的那些偏差 $|s-s'|$ 足够大的矩阵元之间会发生退相干.

这意味着 $\hat{S}$ 的本征态有可能是较短时间内所发生的退相干的特选基.

在上述文献中, 还进一步讨论了比式 (5.24) 更为一般的耦合形式. 例如, 子系统可以同时与两个独立的、分别标记为 1 与 2 的热库发生互作用:

$$H_{\text{int}} = \hat{S}B_1 + \hat{R}B_2 \tag{5.26}$$

其中, $[\hat{R},\hat{S}] = \hbar/\mathrm{i}$, 而 B_1 与 B_2 分别是两个热库的算符. 在大 N 情况, 使用中心极限定理来计算约化态的矩阵元, 他们发现

$$\begin{aligned}\langle s|\rho^S(t)|s'\rangle = &\exp\left\{-(s-s')^2 f_1(t)\right\}\exp\left\{\hbar^2(\partial/\partial s+\partial/\partial s')^2 f_2(t)\right\}\\ &\times \langle s|\rho^S(0)|s'\rangle\end{aligned} \tag{5.27}$$

其中

$$f_i(t) = \langle B_i^2\rangle t^2/(2\hbar^2) + O(t^3) \tag{5.28}$$

由于 $\hat{R}$ 与 $\hat{S}$ 不互易, 退相干有可能发生, 但是未必一定发生.

在上述研究中, 虽然子系统 S 与环境的每一个谐振子发生耦合, 但是没有考虑这种耦合对环境热态的反作用, 而只是简单地假设热库的热态性质没有发生变化. 近年来, 在自旋–玻色子 (spin-boson) 模型之类的模型中, 数值计算显示上述反作用并非总可以忽略, 尤其是, 互作用有可能导致约化密度矩阵自动生成非对角项.[66–70, 85]

5.5.3 主方程方法

在过去几十年的退相干研究中, 最为常用的方法是主方程方法. 前面在第4.3.2小节我们介绍过推导主方程的基本思路. 为了进一步得到针对具体模型的主方程, 人们发展了各式各样的推导技巧 (包括形式方法与近似方法). 近些年, 学术界尤为关注马尔可夫近似与玻恩近似所带来的偏差, 研究了各式各样的改进方法. 不过, 主要由于以下两个原因, 在此我们不深入讨论这些试图改进主方程的方法.

(1) 这些方法所得到的方程通常十分复杂, 很难进行解析分析, 也很难有效地推进关于退相干的直观理解与图像. 要想了解它们的预言, 数值模拟通常是必由途径, 而这不是本书的侧重点.

(2) 就严格性与提供直观图像而言, 后面在第5.6节中将要介绍的研究方法有一定的潜在优势.[①]

在关于退相干概念的研究中, 使用第4.3.2小节所介绍的方法来推导主方程存在一个弱点：通常难以确定所用近似的适用范围. 为了解决这一问题, 在文献 [58] 中, Paz 与 Zurek 研究了一个简单模型, 推导了短时间内可以较为可靠地应用于退相干研究的主方程, 并且求解了约化态的主要演化方式. 对于弱扰动下分立谱系统中所发生的退相干, 该模型提供了一个十分简单的图像. 本节我们简要介绍该工作. 其结果显示, 分立谱系统 (比如束缚态的氢原子) 的能量本征态之间的相干叠加通常不容易"存活".

上述模型包含一个粒子 (子系统) 与一个标量场 (环境), 该粒子具有分立谱能级, 记为 E_α^S. 粒子与场之间互作用的形式较为一般, 但是满足无耗散条件, 从而不会引起粒子的能级跃迁. 该标量场并不是一个热库, 因此马尔可夫近似与玻恩近似的适用情况并不清楚. Paz 与 Zurek 的基本想法是, 当时间不是很长时, 可以不使用那些近似来推导主方程. 具体而言, 他们使用的假设是：(1) 二阶扰动论适用; (2) 粒子初态与环境初态无关联 (环境初态是热平衡态).

在弱耦合极限下, 他们得到了下述主方程：

$$\frac{\mathrm{d}}{\mathrm{d}t}\rho_{\alpha\beta}^S = -\mathrm{i}\omega_{\alpha\beta}\rho_{\alpha\beta}^S - \gamma_{\alpha\beta}^2 t\rho_{\alpha\beta}^S - t\sum_{\xi\eta} A_{\xi\eta\alpha\beta}\rho_{\xi\eta}^S \tag{5.29}$$

其中 $\omega_{\alpha\beta} = (E_\alpha^S - E_\beta^S)/\hbar$, 而 $\gamma_{\alpha\beta}^2$ 与 $A_{\xi\eta\alpha\beta}$ 是模型依赖的参数. 上述微分方程难于解析求解. Paz 与 Zurek 论证, 当研究约化密度矩阵非对角元的衰减行为时, 上式右侧的最后一项的影响不大, 可以忽略. 这样就得到下述近似解：

$$\rho_{\alpha\beta}^S(t) \approx \rho_{\alpha\beta}^S(0)\exp(-\mathrm{i}\omega_{\alpha\beta}t)\exp\left(-t^2\gamma_{\alpha\beta}^2/2\right) \tag{5.30}$$

可见, 约化态的非对角元以高斯方式快速衰减, 在不长的时间之后, 粒子能量态之间的相干性会基本消失, 发生退相干.

上面的推导与结论不依赖于粒子的初态, 在一定程度上也不依赖于环境的初态 (只要环境的初态为热态). 因此, 文章得到下述结论：

- 在无耗散的弱耦合情况下, 在经历时间段 $\varGamma_{\text{衰减}}^{\text{decoh}}$ 之后, 分立谱子系统的能量本征基表现为特选基.

对于无耗散耦合, 从物理图像上可以预期, 上述结论在 $\varGamma_{\text{中间}}^{\text{decoh}}$ 与 $\varGamma_{\text{稳态}}^{\text{decoh}}$ 时间段仍然成立. 这一点, 我们将在后面的第5.6节利用另一种方法来讨论. 由于一些历史原因, 上面所讨论的由自身哈密顿量所主导的无耗散退相干过程, 也被称为纯消相位过程 (pure dephasing).

---

① 称之为"潜在", 是因为该方法的潜力尚未得到充分挖掘.

5.6 L 回波法

根据式 (5.14), 约化密度矩阵的矩阵元可以表示为总系统状态中环境分支的交叠. 在环境分支交叠的时间演化可以解析求解的情况下, 可以据此研究退相干现象.[71,72] 本节, 我们讨论这一研究方法. 更为具体而言, 我们将利用第3.4节中所讨论过的量子洛施密特回波 (简称 LE, 或者 L 回波) 的性质, 并且称相应方法为 L 回波法.

5.6.1 基本思路

我们来考虑一个可以写为式 (4.3) 中样子的互作用哈密顿量 H^I, 即 $H^I = H^{IS} \otimes H^{I\mathcal{E}}$. 针对系统 S 的一套正交归一基 $|\mu\rangle$, 将整体波函数按照式 (5.11) 进行展开, 即 $|\Psi(t)\rangle = \sum_{\mu} |\mu\rangle|\Phi_{\mu}^{\mathcal{E}}(t)\rangle$. 根据式 (5.14), 我们有 $\rho_{\mu\nu}^{S}(t) = \langle\Phi_{\nu}^{\mathcal{E}}(t)|\Phi_{\mu}^{\mathcal{E}}(t)\rangle$, 因此可以通过求解环境分支的交叠 (如果能够的话) 来研究退相干现象.

利用环境分支在式 (5.12) 中的表示式, 以及总系统状态所满足的薛定谔方程, 容易求得

$$\mathrm{i}\hbar\frac{\mathrm{d}|\Phi_{\mu}^{\mathcal{E}}(t)\rangle}{\mathrm{d}t} = H_{\mathcal{E}1,\mu}^{\mathrm{eff}}|\Phi_{\mu}^{\mathcal{E}}(t)\rangle + \sum_{\nu(\neq\mu)} H_{\mathcal{E}2,\mu\nu}^{\mathrm{eff}}|\Phi_{\nu}^{\mathcal{E}}(t)\rangle \tag{5.31}$$

其中

$$H_{\mathcal{E}1,\mu}^{\mathrm{eff}} = H_{\mu\mu}^{S} + H_{\mu\mu}^{I} + H^{\mathcal{E}} \equiv \langle\mu|H^S|\mu\rangle + \langle\mu|H^I|\mu\rangle + H^{\mathcal{E}} \tag{5.32a}$$

$$H_{\mathcal{E}2,\mu\nu}^{\mathrm{eff}} = H_{\mu\nu}^{S} + H_{\mu\nu}^{I} \equiv \langle\mu|H^S|\nu\rangle + \langle\mu|H^I|\nu\rangle \quad (\mu \neq \nu) \tag{5.32b}$$

当所有算符 $H_{\mathcal{E}2,\mu\nu}^{\mathrm{eff}}$ 都为零时, 即

$$H_{\mathcal{E}2,\mu\nu}^{\mathrm{eff}} = 0, \quad \forall\mu \neq \nu \tag{5.33}$$

分支 $|\Phi_{\mu}^{\mathcal{E}}(t)\rangle$ 的演化其实就是在哈密顿量 $H_{\mathcal{E}1,\mu}^{\mathrm{eff}}$ 控制下的薛定谔演化, 即

$$|\Phi_{\mu}^{\mathcal{E}}(t)\rangle = \exp\left(-\mathrm{i}H_{\mathcal{E}1,\mu}^{\mathrm{eff}}t/\hbar\right)|\Phi_{\mu}^{\mathcal{E}}(0)\rangle \tag{5.34}$$

这时, $\langle\Phi_{\nu}^{\mathcal{E}}(t)|\Phi_{\mu}^{\mathcal{E}}(t)\rangle$ 具有 LE 的形式 (具体讨论见后). 当环境是混沌系统时, 可以利用量子混沌一章中所介绍的 LE 的表示式来讨论退相干问题.

5.6.2 无耗散互作用

作为 L 回波法研究退相干的第一个例子, 我们讨论无耗散互作用下的退相干过程. 在第5.5.3小节, 我们介绍过 Paz 与 Zurek 在一个简单模型中利用主方程方法对此问题的研究. 由于使用了二阶扰动论, 他们的推导只适用于较短时间.

本节所介绍的 L 回波法可以应用于一般的无耗散互作用情况, 且可以讨论长时间行为. 我们将发现, 当环境是量子混沌系统时, 上述作者的结论在较长的 $\Gamma_{稳态}^{\mathrm{decoh}}$ 时间段仍然适用. ①

根据定义, 一个无耗散的 S-$\mathcal{E}$ 互作用满足互易关系 $[H^S, H^I]=0$. 容易看出, 在 H^S 的本征基上, 式 (5.33) 被满足. 在该基矢上, 从式 (5.31) 容易推得下述方程:

$$\mathrm{i}\hbar\frac{\partial}{\partial t}|\Phi_\alpha^{\mathcal{E}}(t)\rangle = H_{\mathcal{E}\alpha}^{\mathrm{eff}}|\Phi_\alpha^{\mathcal{E}}(t)\rangle \tag{5.35}$$

其中

$$H_{\mathcal{E}\alpha}^{\mathrm{eff}} = E_\alpha^S + H_{\alpha\alpha}^I + H^{\mathcal{E}} \tag{5.36a}$$

$$H_{\alpha\alpha}^I = \langle\alpha|H^I|\alpha\rangle \tag{5.36b}$$

注意, $H_{\mathcal{E}\alpha}^{\mathrm{eff}}$ 是作用于环境希尔伯特空间的算符. 可见, $|\Phi_\alpha^{\mathcal{E}}(t)\rangle$ 在等效哈密顿量 $H_{\mathcal{E}\alpha}^{\mathrm{eff}}$ 下进行薛定谔演化, 即

$$|\Phi_\alpha^{\mathcal{E}}(t)\rangle = \exp\{-\mathrm{i}H_{\mathcal{E}\alpha}^{\mathrm{eff}}t/\hbar\}|\Phi_\alpha^{\mathcal{E}}(0)\rangle \tag{5.37}$$

这给出约化密度矩阵元的下列表示式:

$$\rho_{\alpha\beta}^{\mathrm{re}} = \langle\Phi_\beta^{\mathcal{E}}(t)|\Phi_\alpha^{\mathcal{E}}(t)\rangle = \langle\Phi_\beta^{\mathcal{E}}(0)|\exp\{\mathrm{i}H_{\mathcal{E}\beta}^{\mathrm{eff}}t/\hbar\}\exp\{-\mathrm{i}H_{\mathcal{E}\alpha}^{\mathrm{eff}}t/\hbar\}|\Phi_\alpha^{\mathcal{E}}(0)\rangle \tag{5.38}$$

与预期一致的是, $\rho_{\alpha\alpha}^{\mathrm{re}}$ 不随时间变化.

整个大系统的初态记为

$$|\Psi_0\rangle = \left(\sum_\alpha c_\alpha|\alpha\rangle\right)|\Phi_0\rangle \tag{5.39}$$

其中, $|\Phi_0(t)\rangle$ 是环境的、归一化态矢量. 在该初态中, 系统 S 在上述基矢上表现出相干性, 其约化密度矩阵的矩阵元为

$$\rho_{\alpha\beta}^{\mathrm{re}}(0) = \langle\alpha|\operatorname{tr}_{\mathcal{E}}(|\Psi_0\rangle\langle\Psi_0|)|\beta\rangle = c_\alpha c_\beta^* \tag{5.40}$$

① 文献 [73] 中讨论了热库与量子混沌系统之间的关系, 建议使用后者代替前者.

对于初态式 (5.39), $|\Phi_\alpha^{\mathcal{E}}(0)\rangle = |\Phi_\beta^{\mathcal{E}}(0)\rangle$, 于是, 对于 $\alpha \neq \beta$ 的项, 式 (5.38) 的右边具有我们在量子混沌一章中讨论过的 L 回波的形式 (式 (3.16)). 假设子系统的状态 $|\alpha\rangle$ 与 $|\beta\rangle$ 对环境的影响有一定的差别, 即 $H_{\alpha\alpha}^I$ 与 $H_{\beta\beta}^I$ 之间有一定的差别, 则 $H_{\mathcal{E}\beta}^{\text{eff}}$ 与 $H_{\mathcal{E}\alpha}^{\text{eff}}$ 之间有差别. 这将导致 $|\Phi_\alpha^{\mathcal{E}}(t)\rangle$ 与 $|\Phi_\beta^{\mathcal{E}}(t)\rangle$ 的运动有一定的差别, 而这种差别通常会导致 L 回波的衰减, 意味着约化密度矩阵非对角元的衰减.

当环境是量子混沌系统时, L 回波的具体衰减形式已经在第 3 章讨论过. 大体而言, 在较弱互作用下为高斯衰减, 而在中等或者较强互作用下呈指数衰减. 不论哪种情况, 当时间足够长之后, 只要在 $\Gamma_{\text{回归}}^{\text{decoh}}$ 时间段之前, 系统会在其能量本征基上发生退相干.

从上面的讨论可以看出, 在对无耗散互作用所导致退相干的解析研究方面, L 回波法远比主方程方法有效. 事实上, 即使环境是可积系统, L 回波法仍然预言了一定时间之内的退相干. ①

最后, 我们来估计一下达到稳态时 $\rho_{\alpha\beta}^{\text{re}}$ 的大小. 一般而言, 如果环境做复杂运动, $|\Phi_\alpha^{\mathcal{E}}(t)\rangle$ 与 $|\Phi_\beta^{\mathcal{E}}(t)\rangle$ 可能分别做复杂运动. 时间足够长之后, 这两个分量之间的“可观测的关联”基本消失. 当这种情况发生时, 可以对 $\rho_{\alpha\beta}^{\text{re}}$ 的量级做下述估计:

$|\Phi_\alpha^{\mathcal{E}}(t)\rangle$ 在环境某个基矢 $|\phi_k\rangle$ 上的展开系数, 有可能被近似视为统计无关的无规数. 即在下述展开中

$$|\Phi_\alpha^{\mathcal{E}}(t)\rangle = \sum_k C_{\alpha k}|\phi_k\rangle \tag{5.41}$$

$C_{\alpha k}$ 被视为无规数. 由于归一化, $|C_{\alpha k}| \sim 1/\sqrt{N_{\mathcal{E}}}$, 其中 $N_{\mathcal{E}}$ 是环境的希尔伯特空间维数. 于是, 我们有

$$|\langle\Phi_\beta^{\mathcal{E}}(t)|\Phi_\alpha^{\mathcal{E}}(t)\rangle| = |\sum_k C_{\beta k}^* C_{\alpha k}| \sim 1/\sqrt{N_{\mathcal{E}}} \tag{5.42}$$

这意味着 $\langle\Phi_\beta^{\mathcal{E}}(t)|\Phi_\alpha^{\mathcal{E}}(t)\rangle$ 在 $N_{\mathcal{E}} \to \infty$ 的极限下趋于零.

5.6.3 子系统哈密顿量可被忽略的情况

作为使用 L 回波法研究退相干的另一个例子, 本小节我们讨论可以忽略自身哈密顿量的情况, 即 $H^S \simeq 0$ 的情况. 如第5.5.2小节所介绍的, 当可以用谐振子组成的热库来模拟环境时, 退相干可以利用直接对热库做平均的方法来研究. 我们曾经指出, 热库直接平均法的一个弱点是不能有效地包含子系统对环境的反作用, 而近年的数值计算显示

① 在第5.5.3小节中的简单模型中, 约化密度矩阵非对角元呈高斯衰减 (见式 (5.30)). 不过, 将该衰减与本小节结论直接对应起来有些勉强. 事实上, 在那个简单模型中, 环境的性质为热态, 并不要求环境为量子混沌系统.

该反作用未必可以忽略. 对于量子混沌环境, 利用"量子混沌"一章中关于 L 回波衰减行为的解析结果, L 回波法可以克服这一弱点.

我们记 H^{IS} 的本征态为 $|s\rangle$, 本征值为 s , 即 $H^{IS}|s\rangle = s|s\rangle$. 在该基矢上, 式 (5.33) 成立, 且式 (5.31) 给出下述与式 (5.35) 类似的方程:

$$\mathrm{i}\hbar\frac{\partial}{\partial t}|\Phi_s^{\mathcal{E}}(t)\rangle = H_s^{\mathcal{E}}|\Phi_s^{\mathcal{E}}(t)\rangle \tag{5.43}$$

其中

$$H_s^{\mathcal{E}} = H_{ss}^I + H^{\mathcal{E}} \tag{5.44a}$$

$$H_{ss}^I = \langle s|H^I|s\rangle \tag{5.44b}$$

在类似式 (5.39) 的初态下, 这给出

$$\rho_{ss'}^{\mathrm{re}} = \langle\Phi_0|\exp\{\mathrm{i}H_{s'}^{\mathcal{E}}t/\hbar\}\exp\{-\mathrm{i}H_s^{\mathcal{E}}t/\hbar\}|\Phi_0\rangle \tag{5.45}$$

它仍然具有 L 回波的形式, 因此也有上一小节所讨论的衰减行为, 并且会导致退相干的发生. 注意, 式 (5.43) 所给的环境分支的演化方程, 已经包含了子系统对环境的作用.

对于式 (5.26) 中更为一般的互作用情况, 式 (5.33) 在 $|s\rangle$ 基矢上不再成立, L 回波法不能直接应用.

5.6.4 弱耗散互作用

可以利用 L 回波法, 讨论弱 (但是不可忽略) 耗散互作用下系统的退相干. 我们先来分析一下应用前述各种研究方法的可能性.

首先, 这类系统没有严格的解析解.

其次, 互作用虽然较弱, 但是仍然可以诱导子系统的能级跃迁. 这导致第5.6.2小节所介绍的、针对无耗散互作用退相干的 L 回波法不能应用.

再次, 这类系统的主方程即使能够推导出来, 其解析求解也十分困难.

最后, 耗散意味着子系统的自身哈密顿量不能忽略, 因此, 第5.5.2小节中所介绍的热库直接平均方法与第5.6.3小节中的 L 回波法都不能应用.

总之, 前述各方法都不能胜任这里的退相干研究. 本质而言, 在处理耗散互作用所诱导的退相干时所遇到的最大困难在于, 需要同时处理动力学演化所产生的两个不同但是又相互影响的效应——退相干与弛豫.

为了进一步了解上述困难的根源, 我们来讨论退相干的一个直观机制. 从第5.6.2小节所介绍的退相干的 L 回波法处理, 我们看出退相干机制的下述图像: 对应于 $\alpha \neq \beta$,

环境的两个分支 $|\Phi_\alpha^{\mathcal{E}}(t)\rangle$ 与 $|\Phi_\beta^{\mathcal{E}}(t)\rangle$ 分别按照式 (5.37) 随时间演化. 当 $H_\alpha^{\mathcal{E}}$ 与 $H_\beta^{\mathcal{E}}$ 的差别足够大时, 时间演化会导致上述两个分支逐渐偏离, 使得其交叠 (overlap) 随时间衰减, 从而导致约化密度矩阵相应的非对角元 $\rho_{\alpha\beta}^{\mathrm{re}}$ 逐渐衰减.

在有耗散情况下, 上述退相干图像仍然有用. 为了理解这一点, 我们回到前面讨论基本思路的第5.6.1小节, 尤其是环境分支的一般演化方程式 (5.31). 在弱扰动下, 我们关心 H^S 的本征解, 因此, 取基矢系 $\{|\mu\rangle\}$ 为 H^S 的本征矢系 $\{|\alpha\rangle\}$. 这时, 式 (5.31) 变为

$$\mathrm{i}\hbar\frac{\mathrm{d}|\Phi_\alpha^{\mathcal{E}}(t)\rangle}{\mathrm{d}t}=H_{\mathcal{E}1,\alpha}^{\mathrm{eff}}|\Phi_\alpha^{\mathcal{E}}(t)\rangle+\sum_{\beta(\neq\alpha)}H_{\mathcal{E}2,\alpha\beta}^{\mathrm{eff}}|\Phi_\beta^{\mathcal{E}}(t)\rangle \tag{5.46}$$

其中

$$H_{\mathcal{E}1,\alpha}^{\mathrm{eff}}\equiv H_{\mathcal{E}\alpha}^{\mathrm{eff}}=E_\alpha+H_{\alpha\alpha}^I+H^{\mathcal{E}} \tag{5.47a}$$

$$H_{\mathcal{E}2,\alpha\beta}^{\mathrm{eff}}=H_{\alpha\beta}^I=\langle\alpha|H^I|\beta\rangle\quad(\alpha\neq\beta) \tag{5.47b}$$

可以看出, $H_{\mathcal{E}\alpha}^{\mathrm{eff}}$ 与 $H_{\mathcal{E}\beta}^{\mathrm{eff}}$ 之间的差别仍然倾向于拉大 $|\Phi_\alpha^{\mathcal{E}}(t)\rangle$ 与 $|\Phi_\beta^{\mathcal{E}}(t)\rangle$ 之间的“距离”, 从而导致 $\rho_{\alpha\beta}^{\mathrm{re}}$ 的衰减倾向.

不过, 上面所述只是故事的一部分. 另一部分来自于式 (5.46) 右侧的第二部分, 它包含 $H_{\alpha\beta}^I|\Phi_\beta^{\mathcal{E}}(t)\rangle$ 项. 我们先来考虑一个最简单情况, 即 $H_{\alpha\beta}^I$ 是环境希尔伯特空间中的一个常数算符, 记为 K. 此时, 在时间间隔 $\mathrm{d}t$ 内, $H_{\alpha\beta}^I|\Phi_\beta^{\mathcal{E}}(t)\rangle$ 项对 α 分支演化的贡献如下:

$$|\Phi_\alpha^{\mathcal{E}}(t+\mathrm{d}t)\rangle=|\Phi_\alpha^{\mathcal{E}}(t)\rangle-\frac{\mathrm{i}K\mathrm{d}t}{\hbar}|\Phi_\beta^{\mathcal{E}}(t)\rangle+\cdots \tag{5.48}$$

可见, 不论 $|\Phi_\alpha^{\mathcal{E}}(t)\rangle$ 中是否含有 $|\Phi_\beta^{\mathcal{E}}(t)\rangle$ 分量, 时间演化都会为它带来此分量. 这意味着互作用在不断产生 $\rho_{\alpha\beta}^{\mathrm{re}}$. 在更为一般的 $H_{\alpha\beta}^I$ 不是常数的情况下, 将 $H_{\alpha\beta}^I|\Phi_\beta^{\mathcal{E}}(t)\rangle$ 在含有 $|\Phi_\beta^{\mathcal{E}}(t)\rangle$ 的基矢系上展开, 可以看出, 只要 $\langle\Phi_\beta^{\mathcal{E}}(t)|H_{\alpha\beta}^I|\Phi_\beta^{\mathcal{E}}(t)\rangle\neq0$, 互作用仍然会不断产生 $\rho_{\alpha\beta}^{\mathrm{re}}$.

因此, 在有耗散情况下, 由于互作用 $H_{\alpha\beta}^I$ 能够导致能级跃迁, 它有可能不断将环境的 $|\Phi_\beta^{\mathcal{E}}(t)\rangle$ 分支“搬到” $|\Phi_\alpha^{\mathcal{E}}(t)\rangle$ 分支上, 从而对约化密度矩阵的非对角元给出新的贡献. 换句话说, 有耗散互作用会产生相干性. 同时处理这种相干性的产生过程与前述退相干过程, 这在解析上十分困难, 现在还没有合适的、一般性的处理方法. 不过正如下面所讨论的, 较弱互作用情况还是可以处理的.

研究较弱互作用下的退相干, 可以使用文献 [74] 中的策略. 其基本思想是考虑某个初始时间段, $\Gamma_1=[t_0,t_1]$. 在该时间段内, 如果子系统发生能级跃迁的概率小到可以忽略, 则整个系统的演化近似为无耗散互作用, 于是可以利用第5.6.2小节所介绍的 L 回波法来研究退相干. 下面我们简述其结果. (细节见附录 J.)

为了叙述方便，下面我们记互作用哈密顿量为 $H^I = \epsilon \widetilde{H}^I$，其中，$\epsilon$ 是一个刻画互作用强度的小参数．能级跃迁的概率可以利用费米黄金规则来估计．记跃迁率为 R，其估计如下：

$$R = 2\pi\epsilon^2\rho\langle \widetilde{H}^2_{I,\mathrm{nd}}\rangle/\hbar \tag{5.49}$$

其中，$\langle \widetilde{H}^2_{I,\mathrm{nd}}\rangle$ 是互作用哈密顿量在 $|\alpha i\rangle$ 基上的非对角元 $\langle\alpha'|\langle i'|\widetilde{H}^I|i\rangle|\alpha\rangle$ $(\alpha \neq \alpha')$ 的均方值，而 ρ 是对整个系统所有可能终态取平均所得到的态密度．由此，可以得到下述对弛豫时间 τ_{E} 的估计：

$$\tau_{\mathrm{E}} \simeq \frac{1}{R} \propto \epsilon^{-2} \tag{5.50}$$

当 $(t_1 - t_0)R \ll 1$ 时，只发生很少跃迁，可以使用 L 回波法来研究退相干．

为了明确起见，我们假设环境可以用随机矩阵理论来描述．前面在讨论量子混沌系统 L 回波衰减规律的时候曾经提及，该回波在扰动较弱时呈现高斯衰减、而在较强时呈现指数式的 FGR 衰减．① 我们用 ϵ_{p} 表示将这两个衰减区域分开的扰动强度界限．根据文献 [36]，它可以按下述方法来估计：

$$2\pi\epsilon_{\mathrm{p}}\overline{V^2_{\mathrm{nd}}} \sim \sigma_v\Delta \tag{5.51}$$

其中，$\overline{V^2_{\mathrm{nd}}}$ 是 $|\langle n|V|n'\rangle|^2$ $(n \neq n')$ 的平均值．这里

$$V \equiv \widetilde{H}^I_{\beta\beta} - \widetilde{H}^I_{\alpha\alpha} = \langle\beta|\widetilde{H}^I|\beta\rangle - \langle\alpha|\widetilde{H}^I|\alpha\rangle \tag{5.52}$$

可以视为扰动项，$|n\rangle$ 是 $H^{\mathrm{eff}}_{\mathcal{E}\alpha}$ 的本征态，Δ 是 $H^{\mathrm{eff}}_{\mathcal{E}\alpha}$ 的平均能级间距，而 σ_v^2 是 $\langle n|V|n\rangle$ 的方差．

在扰动界限之下，$\epsilon < \epsilon_{\mathrm{p}}$，L 回波幅的衰减给出下述约化密度矩阵非对角元的衰减：[36]

$$|\rho^{\mathrm{re}}_{\alpha\beta}| \simeq \mathrm{e}^{-\epsilon^2\sigma_v^2t^2/(2\hbar^2)} \tag{5.53}$$

刻画 $\rho^{\mathrm{re}}_{\alpha\beta}$ 衰减的特征时间称为退相干时间，记为 τ_{d}．上式给出

$$\tau_{\mathrm{d}} \simeq \sqrt{2}\hbar/(\epsilon\sigma_v) \propto \epsilon^{-1}, \qquad \epsilon < \epsilon_{\mathrm{p}} \tag{5.54}$$

我们注意到，上述退相干时间 τ_{d} 对 ϵ 的依赖关系与文献 [58] 中所给的一致，虽然环境的性质不同．

① 这里，FGR 是英文 “Fermi golden rule” 的简写．但是，要注意，L 回波的费米黄金规则衰减与描述能级跃迁概率的费米黄金规则不是一回事．前者使用费米的名字，仅仅因为所发现的衰减规律在形式上与费米给的公式有一定的相似性，而且前者的结果是非微扰性的．

在扰动界限之上, $\epsilon > \epsilon_{\mathrm{p}}$, $|\rho^{\mathrm{re}}_{\alpha\beta}|$ 呈现指数衰减

$$|\rho^{\mathrm{re}}_{\alpha\beta}| \sim \mathrm{e}^{-\Gamma t/2\hbar} \tag{5.55}$$

其中, $\Gamma = 2\pi\epsilon^2\overline{V^2_{\mathrm{nd}}}/\Delta$. 这给出

$$\tau_{\mathrm{d}} \simeq \hbar\Delta/[\pi\epsilon^2\overline{V^2_{\mathrm{nd}}}] \propto \epsilon^{-2}, \qquad \epsilon > \epsilon_{\mathrm{p}} \tag{5.56}$$

上述结果都是在时间远小于 τ_{E} 这一前提下推导出的. 在扰动界限 ϵ_{p} 之下, 由于 $\tau_{\mathrm{E}} \propto \epsilon^{-2}$ 而 $\tau_{\mathrm{d}} \propto \epsilon^{-1}$, 当扰动足够弱的时候, 总会有 $\tau_{\mathrm{d}} \ll \tau_{\mathrm{E}}$, 满足所需前提. 但是, 在扰动界限 ϵ_{p} 之上, 由于 $\tau_{\mathrm{d}} \propto \epsilon^{-2}$, 所需前提未必总能够满足. 因此, 我们得到下述结论:

- 当扰动足够弱时, 在 $\Gamma^{\mathrm{decoh}}_{\text{衰减}}$ 时间段总会发生退相干, 使得子系统约化密度矩阵的非对角元在其哈密顿量的本征基上变得很小.

这意味着, 当扰动足够弱时, 哈密顿量的本征基仍然是特选基.

5.7 特选基

鉴于特选基 (preferred basis) 概念在退相干领域中的重要性以及它的复杂性, 本节我们较为详细地讨论特选基概念. 我们也将简单介绍一下当前对特选基性质了解的概貌. 为了叙述完整起见, 下面的讨论可能与前面的内容有少部分重叠.

5.7.1 特选基概念的基本含义与物理意义

从历史的角度看, 特选基概念经历了几个不同的研究阶段, 其物理含义才逐渐变得明确一些. 即使是现在, 该概念的内涵也没有完全明确. 换句话说, 在不同研究者的工作中, 该概念的使用虽然有趋同的迹象, 但是尚未完全统一.

在研究子系统的退相干行为时, 有一些状态会具有特殊的重要性, 这一点最早是由 Zeh 指出的.[54] 在具体的模型中, 他讨论了所谓记忆态 (memory state), 大体意思是, 随着时间的推移, 记忆态以最慢速度偏离约化密度矩阵所描述的演化. 不过该概念的物理含义不那么明显, 也没有得到广泛的注意.

Zurek 对退相干的研究引起了更为广泛的注意.[55,56] 他引入了指针态 (pointer state) 概念, 指的是测量仪器的指针所能处的状态 (比如, 其指示的数字可以被用来记录测量结果). 从我们对实验仪器的了解来看, 该类状态是宏观态. 根据量子力学, 这些宏观态应该对应于一定的微观态. Zurek 其实指的是后者, 即微观态. 显然, 指针所能够处的状态不是一个, 而是一系列, 否则就无所谓测量. 因此, 需要讨论一系列这样的态, 它们对应于特定希尔伯特空间中的基矢. 该基矢被称为指针基 (pointer basis).

从宏观角度看, 指针态概念的物理含义很明确. 但是, 它的微观含义就不那么明确了. Zurek 提出, 指针态的一个基本特征是其鲁棒性 (robustness). 在对具体量子系统进行研究的过程中, 必须引入微观的处理方法, 尤其是对鲁棒性的具体含义予以定义. 事实上, 对于鲁棒性, 人们在研究不同的系统与问题时, 有时会赋予它并不完全相同的含义. 也就是说, 现在仍然没有能够同时满足下述三个条件的定义: 在数学上足够明确, 物理上贯穿一致, 且被广泛认可.

Zurek 在不同时期对指针态给予了不同的定义. 在 20 世纪 80 年代早期,[55] 他要求子系统与环境的互作用不影响指针态的性质; 这其实对应于很强互作用情况, 较为严格的数学处理要在大约 20 年后才由文献 [60] 的作者给出. 上述定义只在较小的范围内使用过.

后来在 20 世纪 90 年代, Zurek 提出用可预测性筛 (predictability sieve) 来定义指针态,[57] 该方法使用子系统的冯 · 诺依曼熵这一与信息联系起来的概念. 具体而言, 一个纯态如果作为初态能够同时满足下述两个条件, 则称为指针态, 即: (1) 其冯 · 诺依曼熵极小 (最好最小); (2) 上述性质在一个合理的时间范围内保持鲁棒性. 这样引入的指针态, 其实未必真的与测量仪器指针的状态有什么直接关系. 有时, 将它们所构成的基矢系称为特选指针基 (preferred pointer basis). 该基矢系是利用 (由约化密度矩阵所计算的) 信息熵来定义的, 与子系统可观测的物理性质的关系不是那么直接. ①

从物理的角度而言, 更感兴趣的是能够较为直接反映物理性质的量, 为此可以回到更为全面的约化态. Paz 与 Zurek 在 1999 年做过这类研究, 就是第5.5.3小节所介绍过的文献 [58] 中的工作. 他们所研究的系统是一个量子粒子, 与测量仪器没有什么直接联系, 所得到的特殊基矢与指针一词已经没有什么直接关系, 称为特选基 (preferred basis) 更为合适.

在 21 世纪的第一年, Diosi 和 Kiefer 从较为普遍的角度讨论了利用约化密度矩阵来定义的特选基.[59] 他们建议, 对于一个与环境互作用的开放系统, 如果在一般的初态下, 其约化密度矩阵在演化一段时间之后 (远长于弛豫时间), 趋近于在某个固定的基矢

① 后来, Zurek 对上述指针基的定义并不满意, 借鉴达尔文主义的思想, 他为指针基给出了更为依赖于信息的定义,[62] 我们就不做进一步讨论了.

系上对角化, 则该基矢系被称为特选基.① 根据式 (5.14) $\rho^S_{\mu\nu}(t)=\langle\Phi^{\mathcal{E}}_\nu(t)|\Phi^{\mathcal{E}}_\mu(t)\rangle$, 环境对应于该基矢的分支之间趋于 (近似) 正交, 即 $\langle\Phi^{\mathcal{E}}_\nu(t)|\Phi^{\mathcal{E}}_\mu(t)\rangle\to 0$. 注意, 当开系统存在稳态时, 其约化密度矩阵会趋于稳定, 但是这并不意味着不同初条件下的约化态总会在固定的基矢系上对角化.

更为确切而言, Diosi 和 Kiefer 所给的定义如下：如果对一般的初态下式成立

$$\rho^S(t)\to\sum_\eta f_\eta P_\eta,\quad t\gg\tau_E \tag{5.57}$$

其中, P_η 是正交的投影算符, 而 f_η 是系数, 则 P_η 给出特选基. 由于上式对一般的初态成立, P_η 的维数通常应该为 1, 于是 P_η 的集合对应于一套基矢系. 上式可以直接推广到连续谱情况, 用 x 代表连续变量, 则考虑下述关系式：

$$\rho^S(t)\to\int \mathrm{d}x f(x)P(x),\quad t\gg\tau_E \tag{5.58}$$

这里, $P(x)$ 也是投影算符, 它可以对应于正交基, 乃至可以对应于过完备基, 比如相干态基矢.

相比于 Zurek 利用可预测性筛对指针基所给的定义, Diosi 和 Kiefer 所给的上述定义与子系统可观测量的关系更为紧密, 而且与大家通常对退相干的直观理解更为贴切. 由于这一原因, 在近二十多年的文献中, 大多数研究者大体使用后一个定义 (本书也如此), 当然, 有时会根据具体情况做一些适当的调整或者推广.

其中一种推广是第5.3节中所谈论的 Σ 基矢系, 它允许小涨落的存在.[61] 更确切地说, 在一定的时间阶段 Γ(比如第5.4节中讨论过的 $\Gamma^{\text{decoh}}_{\text{衰减}}$), 如果子系统的约化态 $\rho^S(t)$ 的本征基矢系围绕特选基做小涨落式的振荡, 且该现象具有鲁棒性, 则称发生了环境诱导的退相干. 当约化态的本征值有简并或者近简并时, 可以适当地考虑特选基上的相应子空间.

5.7.2 特选基的性质

我们简单讨论一下在过去的几十年中所得到的、关于不同情况下特选基性质的研究结果. 由于篇幅所限, 我们只介绍那些解析处理较为牢靠且具有较好普适性的结果. 至于特选基的定义, 我们主要采取 Diosi 和 Kiefer 所提出的、利用约化态对角形式的思路.

① “特选”的意思是指由环境通过互作用而选出的.

1. 量子布朗运动的特选基

最早被系统性研究过其退相干性质的物理系统是量子布朗粒子, 即与环境有无规互作用的一个量子粒子. 人们对这种粒子所进行的系统性研究已有半个多世纪, 在不同情况下推导了约化态演化所需满足的各种主方程. 利用可预测性筛方法, Zurek 等人发现, 相干态 (高斯波包) 是这种粒子的指针态, 并且提供了一套 (过完备的) 特选基.[57] 后来人们证明, 利用特选基的约化态对角化定义, 可以得到相同结论, 即在足够长的时间之后, 约化态近似在相干态基矢上写为对角的形式.[75,76]

2. 分立谱系统中的特选基：较短时间行为

前面我们讨论过具有分立谱的子系统的退相干过程 (见第5.5.2, 5.5.3, 5.6.2, 5.6.3, 与 5.6.4 小节). 那里的讨论可应用于较短时间, 具体而言, 是时间段 $\varGamma^{\text{decoh}}_{\text{衰减}}$. 我们将其结果小结如下：当环境是热库或者量子混沌系统时, 经过时间段 $\varGamma^{\text{decoh}}_{\text{衰减}}$ 的演化, 在下列情况下, 子系统有可能拥有一定的特选基.

- 子系统与环境之间的互作用无耗散特征. 子系统的能量本征基是特选基. (在文献中, 此种情况通常称为纯消相位.)
- 子系统与环境之间有弱耗散互作用. 当适当的弱互作用条件被满足时, 子系统的能量本征基是近似的特选基.
- 子系统哈密顿量可以忽略的情况. 互作用哈密顿量的本征基是特选基.

最难以处理的是子系统与环境之间有中等强度的耗散互作用情况, 现在还没有较为普适的处理方法. 在特定模型中, 可以利用数值计算来研究特选基, 有下述发现, 即当耦合强度由弱变强时, 特选基由子系统自身哈密顿量的本征基逐渐转变为互作用哈密顿量的本征基.[61]

3. 分立谱系统中的特选基：较长时间的行为

对于子系统与环境之间的互作用无耗散特征的情况, 在较长的时间段, 具体而言, 在 $\varGamma^{\text{decoh}}_{\text{稳态}}$ 时间段, 对于研究退相干行为, 第 5.5.3 小节的主方程方法的适用性没有什么保证. 不过, 第 5.6.2 小节的 L 回波法仍然适用, 结果仍然是子系统哈密顿量的本征基是特选基. 而且我们注意到, 即使在环境为可积系统时, 这一结论也有一定的意义 (只要不出现回归现象).

在 $\varGamma^{\text{decoh}}_{\text{稳态}}$ 那样的长时间段, 子系统自身的哈密顿量通常不能忽略, 因此, 第 5.5.2 小节的热库平均方法不能被用来研究退相干. 此时, 问题变为有耗散互作用情况下的退相干问题, 第 5.6.3 小节的 L 回波法的适用情况还有待研究. 而且, 第 5.6.4 小节所讨论的利用 L 回波来研究子系统–环境弱耗散互作用的方法, 由于使用了一阶扰动论, 其适用情况也不乐观. 总之, 除了无耗散情况, 前述方法都未必适用于研究 $\Gamma^{\text{decoh}}_{\text{稳态}}$ 时间段内的特选基.

为了研究 $\Gamma^{\text{decoh}}_{\text{稳态}}$ 时间段内的特选基, 需要引入新的方法. 在环境远大于子系统的情况下 (该条件通常都会满足), 可以利用在热化问题研究中较为成熟的、由冯 · 诺依曼引入的长时间平均方法. 该方法主要利用的是薛定谔演化的准周期性, 以及一定的典型态性质. 在应用该方法时, 常常考虑最简单的情况, 即假设整个大系统拥有一个非简并的能谱, 在这种情况下长时间平均会抹去不同能量本征态之间的相干性.

利用上述长时间平均方法能够证明, 当子系统相对于环境足够小的时候, 在时间趋于无穷大范围内的绝大多数时间点上, 子系统的物理量 (不论是可观测量的期待值还是约化密度矩阵元) 与其长时间平均值的差, 都会随着环境尺寸的增大而减小. 甚至随着环境有效希尔伯特空间维数趋于无穷大, 上述偏差会趋于零.

上述结论对大多数时间点而不是对所有时间点成立, 其主要原因在于薛定谔演化的准周期性使得适当的回归成为可能. 根据数值经验, $\Gamma^{\text{decoh}}_{\text{稳态}}$ 时间段内有可能出现很好的稳态性质; 然而在 $\Gamma^{\text{decoh}}_{\text{回归}}$ 时间段内, 虽然在大多数时间点上会有稳态性质, 但是由于回归特例的存在很难统一处理. 上述经验尚缺乏严格的解析论证.

借鉴上述方法, 文献 [77] 证明了下述结论. 粗略而言, 如果本征态热化假设 (ETH) 对环境成立 (第 3 章中提过的), 环境的有效能区足够窄, 并且子系统存在稳态, 则子系统的重整哈密顿量的本征基是特选基. 这里, 重整哈密顿量等于子系统的自身哈密顿量再加上互作用哈密顿量对环境自由度做平均所得到的算符.

4. 特选基与 Schmidt 分解

最后, 我们讨论一下特选基与施密特 (Schmidt) 分解态的关系. 前面我们讲过, 当退相干发生时, 约化密度矩阵在特选基上近似地具有对角形式. 人们早就注意到, 约化密度矩阵的本征基其实就是 Schmidt 分解态中的子系统那部分. (Schmidt 分解态的性质, 见附录 K.) 但是一般而言, 特选基与 Schmidt 分解态之间并没有简单的一致性. 事实上, 对大系统的任意态矢量都可以做 Schmidt 分解, 相应地, 约化密度矩阵总能够对角化; 然而特选基并非总是存在, 它至少要求一定的初值不敏感性 (鲁棒性).[①] 还需要注意的是, 退相干只要求约化密度矩阵在特选基上近似地具有对角形式. 因此当约化密度矩阵的对角元有近似简并性时, 特选基有可能与 Schmidt 分解态相差很远.

---

① 在很长一段时间内, 人们觉得特选基与 Schmidt 分解态可能具有很强的一致性, 后来终于认识到它们只是在特殊情况下才有关联.

第 6 章

热化与量子热力学中的若干概念

本章我们十分简要地讨论一下热化与量子热力学领域中的若干问题. 事实上, 热化是一个覆盖面很大的领域, 而量子热力学又是一个新兴的领域. 在此, 我们只能寄希望于管中窥豹.

6.1 概论

所谓热化 (thermalization), 是指系统从非平衡态逐渐演化到平衡态 (也称热态) 的过程. 它的另一个名字是趋平衡. 热化问题包含两个相互关联的方面: (1) 什么是平衡态? (2) 非平衡态怎样演化到平衡态?

在本科阶段 (甚至有可能在高中阶段), 很多人就已经对平衡态有了很好的直观理解. 不过, 从微观动力学的角度对它给予较为充分的阐述就不是一件简单的事情了. [78,79] 当代物理学虽然比以往任何时候都更为接近这一目标, 但是仍然有一定的距离. 而且这中间隔着“迷雾”, 难以确切评估距离的远近.

不论如何, 要达到上述目标, 至少需要做到以下三件事: (1) 了解平衡态的微观动力学本质; (2) 对趋平衡过程给出确切的数学描述; (3) 从上述数学描述及其推导中提取热力学性质, 比如温度与熵. 这三件事并非相互独立, 所涉及的问题纠缠在一起. 比如, 在试图解决平衡态概念问题时, 所遇到的一大难题就在于它与趋平衡过程的机制密不可分.

当谈论热化问题时, 在大多数情况下人们主要指的是如何理解趋平衡过程这一问题. 根据大量的实验, 从大多数初态出发的宏观物体都有趋于平衡态的趋势. 因此, 通常认为, 不同系统的趋平衡过程很有可能共享一定的普适机制. 学术界对这一机制有一定的直观理解, 但是要从微观动力学角度给予确切描述还有一定距离. 事实上, 人们仍然在探索能够描述这一过程的有效数学手段, 以期预言其基本特征 (弛豫时间、退相干时间等).

热化问题还涉及一个物理学中十分微妙的问题, 即宏观不可逆性的根源问题. 当前比较流行的一个观点是, 宏观不可逆性与我们的宇宙有一个特殊的初态有关. 这一观点并不能使所有人满意, 却至少可以使大多数人暂时不去烦心. 本书并不打算讨论这一棘手的问题.

量子热力学是近十多年来受到很多关注的一个新兴领域. 该领域的主要研究方向是在小量子系统上使用热力学概念的可能性与限制, 以及是否需要引入新的概念. 其实, 半个多世纪之前就有人研究过上述课题. 近一二十年, 它得到了广泛重视与大量研究, 并且形成了一个新的领域. 这一方面得益于实验技巧的进展, 另一方面也是理论进展的需要. 现在, 人们尤其关注小量子系统与其环境之间的能量传输与转换, 这关系到是否有可能做出具有实用价值的量子热机.

众所周知, 在量子力学的框架中, 一个系统未必处于拥有确定能量的状态. 由于这一不确定性, 量子系统的能量传输与转换远比经典情况复杂. 这是量子热力学领域中许多困难问题的根源, 包括如何定义功与热.

最后, 学术界近二十年的研究成果表明, 在热化与量子热力学研究中将环境视为多体量子混沌系统而非热库, 有可能带来动力学方面的优势. 其主要原因如下:

其一, 量子混沌的运动复杂性来自于真实动力学系统的性质. 相比而言, 人们在研究复杂环境时所经常使用的热库 (比如无穷多谐振子所组成的热库) 有一个弱点: 其随机性完全是人为赋予的, 而没有任何动力学的保障. 换句话说, 人们必须硬性假设谐振子之间无关联, 有无规的相对相位, 且始终满足吉布斯分布. 使用这样的热库会遇到一个原则性问题, 即它与系统的相互作用其实有可能为它带来内在关联. 事实上, 近些年来在自旋-玻色子模型中的数值实验显示, 这种关联是会产生的. (参见第5.5.2小节结尾的讨论.)

其二, 近二十年来, 人们对量子混沌系统的许多解析性质有了更为深入的了解, 比如, 在量子混沌一章中所讨论过的量子洛施密特回波 (简称 L 回波或者 LE) 的衰减行为, 能量本征态的统计性质, 以及本征态热化假设 (ETH).

6.2 平衡态

我们对平衡态的基本直观认识来自于对宏观系统的观察, 即系统处于呈现一定宏观均匀性的动态平衡. 比如, 在朗道 (Landau) 与利夫席兹 (Lifshitz) 的《统计力学》一书中这样定义: [80] "如果一个闭合的宏观系统处于这样的状态——它的任意宏观子系统的宏观物理量以很高的精度等于其平均值, 则称该系统处于一个统计平衡态 (也称热平衡态, 或者热力学平衡态). " 该定义具有很强的现象学特征. 从量子力学的角度来理解平衡态存在的微观动力学机制, 这对物理学而言仍然是一个重大挑战. ①

为了应对上述挑战, 从冯 · 诺依曼等人开始, 人们做过大量的努力, 试图从希尔伯特空间的角度来描述物理实验所揭示的宏观平衡态的性质, 并且为此曾经引入过许多试图描述宏观性质的微观概念. 从近几十年的研究成果看, 上述描述必须与下述事实协调起来, 即多体量子系统中, 存在许多很难直接依靠实验经验来获得直观理解的性质, 比如纠缠、退相干等. 应对上述挑战的最佳方法是研究小量子系统与复杂环境的互作用, 这也是量子热力学的研究对象.

最后我们提及, 文献 [81] 中给出了关于平衡态微观定义的一个较为近期的版本, 具体如下.

- 一个系统的波函数如果具有下列性质, 则称它处于尺寸 l 下的微观热平衡态:

  (1) 它的每一个空间尺寸小于 l 的子系统的约化密度矩阵, 都与整个系统的微正则系综所预言的约化密度矩阵十分接近.

  (2) 上述微正则系综所预言的约化密度矩阵具有吉布斯态的形式.

① 需要注意的是, 对物理系统的微正则系综或者正则系综描述, 是统计力学这一学科对平衡态的描述, 并不涉及平衡态的存在机制.

这里仅仅考虑尺寸小于 l 的子系统是受限制于理论的描述能力, 即如果尺寸太大的话, 在真实的约化密度矩阵与微正则系综的预言之间无法进行有意义的比较. 平衡态的上述定义原则上可行, 但是, 将其应用于具体的物理系统现在仍然构成巨大挑战. 与其中第一点相关的理解或者论证将在下面的第6.3.3小节中讨论.

关于上述平衡态定义中的第二点, 当前的认识仍然很不充分. 在子系统-环境耦合极弱的情况下, 耦合几乎没有改变总系统的能量本征态, 此时可以容易地证明第二点是成立的. 当耦合很弱但是已足以明显改变总系统的能量本征态的时候, 可以证明, 微正则系综所预言的约化态基本上还是吉布斯态. [82, 83] 当扰动更强时, 约化密度矩阵的稳态可能有不可忽略的非对角元, 此时对子系统的自身哈密顿量做适当的重整 (参见式 (4.35)), 有可能仍然得到吉布斯态. [82, 84–86]

6.3 热化研究的三种方法

在量子力学的框架内为统计力学提供一个较为坚实的基础, 这是统计物理领域中的重要问题之一. 最早的研究来自于冯 · 诺依曼. [79] 他试图为玻尔兹曼的 H 定理提出一个量子版本并且予以证明. 作为 20 世纪伟大数学家之一的冯 · 诺依曼, 其论证的数学部分并没有受到过任何严肃质疑, 但是他所讨论的东西与物理学在实验中所测量的东西的关系, 未必如他所认为的那样密切. ①② 从现在的观点来看, 冯 · 诺依曼的主要贡献在于, 为使用量子力学的数学语言来描述宏观物体的性质提供了一个十分有用的数学框架, 以及一些十分有用的数学工具与技巧.

在冯 · 诺依曼之后, 物理学界对上述问题保持了持续的兴趣. 尤其是薛定谔对量子统计物理进行过深入的研究, 并在 20 世纪 30 年代提出了约化密度矩阵这一重要概

---

① 冯 · 诺依曼关于物理量的基本理解, 应该来自于与当时物理学家的讨论. 但是, 将现代物理学家大脑中的图像转化为数学描述, 其难度常常超过人们的想象.

② 还有一个有些类似的情形. 根据物理学家提供的信息, 冯 · 诺依曼曾经研究过隐变量问题, 并且给出过一个关于隐变量不存在性的证明. 后来, 贝尔指出, 冯 · 诺依曼在其证明中使用了一个在量子物理中没有确切意义的量. 当然, 责任不在冯 · 诺依曼; 事实上, 确定一个量在物理上是否有意义, 这是物理学家的责任, 而不属于冯 · 诺依曼的专业. 问题出在, 物理学家为冯 · 诺依曼所提供的信息是用物理语言描述的, 这些描述无法直接进行数学处理, 因此, 冯 · 诺依曼需要将这些物理描述翻译为数学语言; 但是, 一旦翻译为数学语言, 其内容又常常是物理学家很难立刻领会的.

念. [78] 在过去的近一百年中, 对该问题的研究经历过几次小高潮, 最近的一次始于 2006 年左右, 一直延续到现在 (见文献 [87-92] 中的综述). 现在, 我们简要介绍三种在这期间被用于研究平衡态性质的解析方法, 分别是长时间平均法、典型态方法与利用 ETH 的方法.

6.3.1 长时间平均法

我们首先讨论长时间平均法, 它最初由冯 · 诺依曼引入. 显然, 如果一个系统真的存在平衡态的话, 平衡态的性质可以利用长时间平均来求得. 冯 · 诺依曼告诉人们, 长时间平均法可以提供比这一理解要深刻得多的东西. 具体而言, 局域物理量的涨落会出人意料地小.

该方法的基本思路是, 在长时间极限下计算物理量的平均值以及涨落, 尤其是涨落对系统尺寸的依赖. 对于拥有无简并能谱的系统, 由于薛定谔演化的准周期性, 在对物理量的期待值做长时间平均之后, 只有所谓的对角元才会存留下来. 这会大大简化问题的难度. 下面是研究长时间平均行为的一个例子 (比如, 见文献 [93]). 记系统哈密顿量的本征解为 $H\psi_n = E_n\psi_n$, 初态为 $\psi(0) = \sum\limits_n c_n\psi_n$, 则量子态的时间演化写为

$$\psi(t) = \sum_n c_n \mathrm{e}^{-\mathrm{i}E_n t/\hbar}\psi_n \tag{6.1}$$

于是, 可观测量 A 在时刻 t 的期待值写为

$$\overline{A}(t) = (\psi(t), A\psi(t)) = \sum_{nm} c_n^* c_m \mathrm{e}^{\mathrm{i}(E_n - E_m)t/\hbar}(\psi_n, A\psi_m) \tag{6.2}$$

我们用 $\langle\cdot\rangle$ 来记长时间平均, 有

$$\langle\overline{A}\rangle = \lim_{T\to\infty}\frac{1}{T}\overline{A}(t) \tag{6.3}$$

假设能谱 E_n 没有简并, 则

$$\langle\overline{A}\rangle = \sum_n |c_n|^2(\psi_n, A\psi_n) \tag{6.4}$$

如果进一步假设能级差 $(E_n - E_m)$ 也没有简并, 则可以推导 A 的涨落性质. 冯 · 诺依曼发现, 对于所谓典型态, 统计物理 (或者热力学) 所关心的物理量的涨落反比于有效希尔伯特空间维数的平方根. 对于宏观系统而言, 涨落会小到可以忽略.

就讨论平衡态的性质而言，长时间平均法对很多问题的有效性毋庸置疑．但是，该方法的有效性其实仅仅建立于演化的准周期性以及能谱的非简并性，与更为具体的动力学机制无关．这意味着该方法并不能真正解决热化问题，尤其是不能研究热化过程．

6.3.2 利用典型态性质的方法

我们讨论利用典型态来研究平衡态性质的方法．

其实，在上一小节中所介绍的冯 · 诺依曼的工作中，已经使用了典型态的概念．近几十年来，借助于下述两项进展，其他研究者得以进行更为深入的研究．

其一，薛定谔引入了关于子系统的约化密度矩阵概念．

其二，莱维 (Levy) 给出了以他名字命名的引理．针对超球面上典型态，该引理给出了对平均值的偏离概率的明确数学表示式 (见附录 L)．[94]

近十多年来，利用 Levy 引理，人们得到了不少与约化密度矩阵有关的有意义结果．比如，就预言小子系统约化密度矩阵的性质而言，利用大系统在一个能量壳内的微正则系综所得到的结果，几乎等价于利用大系统在相应能壳内的典型态的结果．[95] 而且，人们发现将 Levy 引理与长时间平均方法相结合，可以推导出许多有用的公式 (例如但是不限于文献 [93, 96, 97])．

从上面的讨论可以看出，典型态的数学性质与系统的具体动力学无关．因此，典型态方法可能有助于理解热化的结果，但是并不能单独解决热化问题．

曾经有一些研究者倾向于将平衡态解释为典型态．这样做会遇到两个难以克服的困难．其一，对于希尔伯特空间中的一个确定的矢量，数学上并没有确定它是否是典型态的方法．事实上，典型性是一个统计概念，并不适用于描述单个具体状态．[88] 其二，对于在现实中所能够看到的初态或者在实验室中所能够制备的初态，没有任何物理上的理由让我们相信它们会演化到具有典型性的状态．相反，现实中的初态在各个能量本征态上的权重一般并不相同，通常并不具有典型性．[93]

6.3.3 利用 ETH 的方法

最后，我们讨论前面在量子混沌一章中讨论过的本征态热化假设 (ETH)，它可以为平衡态的微正则系综描述提供一个解释，并且有可能有助于描述热化过程．ETH 与前面讨论过的两种方法的最大区别在于，ETH 谈论的是能量本征态的性质，因此是动力学相关的.

在 ETH 中的函数 $f(E)$ 是能量 E 的缓变函数, 在总系统的一个窄能量壳之中, $f(E)$ 可以被视为常数. 因此, 就预言子系统的任意可观测量的期待值而言, 该能量壳中不同的 (单个) 能量本征态给出基本相同的结果. 显然, 这一结果与相同能量壳中的微正则系综的预言一致.

为了论证微正则系综的适用性, 还需要讨论总能量本征态的叠加态所给出的初态. 从给出时间演化的式 (6.1) 可以看出, 如果能谱统计足够复杂, 对于足够长的时间 t, 不同能量本征态上的分量的相位之间的相干性有可能消失. 这种情况下, 式 (6.1) 右侧对子系统约化态的预言, 与相同能量壳中的微正则系综的预言基本一致. 因此, 在上述相位的相干性消失之后 (或者在此假设之下), ETH 可以保证微正则系综的适用性. 换句话说, 它已经描述了热化的结果.

近些年, 人们逐渐认识到, ETH 所指示的方向, 很有可能是最终解决热化问题的正确方向. 它所使用的两个函数的具体形式有可能对描述热化的具体过程有重要意义. 其中, 函数 $f(E)$ 有半经典表示式, [98,99] 而函数 $g(E,E')$ 的情况要复杂得多. 初步的分析显示, 函数 $g(E,E')$ 对描述热化过程的作用可能更大. 遗憾的是, 现在人们对 ETH 在一般系统中成立机制的了解还很少.

6.4 温度

温度是一个日常生活中经常使用的概念, 几乎所有人对它都有很好的直观感性认识. 但是只有在很特殊的情况下, 才能够对温度 T 给予直观的定量刻画. 比如, 众所周知, 稀薄气体的温度由气体分子的平均动能给出. 对于一个一般的多体物理系统, 从理论角度为其赋予温度, 不是一个简单的任务. 根据热力学, 温度 T 反比于 $\partial S/\partial E$, 其中, S 是系统的熵而 E 是能量. 统计物理的核心问题之一是研究熵 S 对能量 E 的依赖关系, 由此可以得到温度对能量的依赖关系.

6.4.1 温度的两种定义方法

对于在哈密顿系统中如何引入熵 S 与能量 E 的关系这一问题, 经典统计物理中有两个不同的学派, 给出了不同的定义方法. [100] 第一个学派源自玻尔兹曼. 众所周知, 玻尔兹曼熵正比于可能状态数的对数. 对于一个遍历系统, 从相空间中的大多数点出发, 可以几乎跑遍相应的整个能曲面. 玻尔兹曼据此提出了等概率假设, 并且认为熵 S 正比于 $\ln\Omega(E)$, 其中 $\Omega(E)$ 是相空间中能量为 E 的能曲面的面积.

第二个学派源自吉布斯. 他注意到, 按照上述方法来定义的熵会遇到下述问题：在经典哈密顿力学中有这样一个定理, 能曲面的面积不是绝热不变量. 这意味着, 如果熵 S 正比于 $\ln\Omega(E)$, 则熵不是绝热不变量. 这与热力学中的一个著名结论 —— 熵是绝热不变量 —— 相矛盾. 为了避免上述冲突, 吉布斯注意到, 在经典哈密顿力学中, 相空间中由一个能曲面所包围的体积是绝热不变量. 于是, 他建议 S 正比于 $\ln\Gamma(E)$, 其中 $\Gamma(E)$ 是能量为 E 的能曲面所包围的体积.

在热力学极限下, 上述两个学派的分歧是表观的. 这是因为, 在推导系统的统计热力学性质时, 如果让粒子数趋于无穷大, 则利用面积 $\Omega(E)$ 与利用体积 $\Gamma(E)$ 所做的计算结果之间并没有实质的差别.

但是, 如果将统计物理的理论应用于小系统, 上面两个熵的定义会导致对温度的不同定义. 前些年, 这一议题引起了一些广受关注的争论, 现在仍未得到解决. 关注点之一, 是自旋链系统是否会有负温度. 根据 (推广的) 玻尔兹曼熵存在负温度 (这在很多教科书中都有讨论), 但是根据吉布斯熵没有负温度. (有研究者为此做过实验, 遗憾的是, 实验并没有给出明确的答案, 因为两种定义对实验结果有各自自洽的解释.)

如果采取熵的状态数定义, 那么上述矛盾在经典物理学范围内几乎无法调和. 一方面, 经典微观动力学要求系统的运动一定限制于其能曲面, 这意味着可能的状态必然被限制于能曲面. 另一方面, 又有大量的热力学实验支持 “绝热过程的熵不变” 这一论断.

6.4.2 一个量子力学处理

从量子力学的角度看, 上面的矛盾未必那么尖锐. 也就是说, 量子力学对玻尔兹曼熵的描述并不一定与熵的绝热不变性相矛盾. 下面我们先给出一个启发式的论证, 然后介绍一个具体的研究方案, 以及一些初步结果.

我们先讨论启发式的论证. 众所周知, 玻尔兹曼熵的量子形式为

$$S = k\ln(N_{\Delta E}) \tag{6.5}$$

其中, $N_{\Delta E}$ 是宽度为 ΔE 的能量壳内的状态数. 对于窄能量壳, 有

$$N_{\Delta E} \simeq \rho\Delta E \tag{6.6}$$

其中, ρ 是态密度. 记上述能量壳处于第 M 个本征态与第 M' 个本征态之间, $M' = M + N_{\Delta E}$. 量子混沌领域的研究发现, 随着哈密顿量中参数的变化, 一个不可积系统的能谱不能发生交叉, 而只能发生免交叉. 根据量子力学的绝热定理, 这意味着, 在随参数变化的绝热过程中, 从第 M 个本征态出发的演化, 会一直留在第 M 个本征态. 也就是说, 虽然本征态随着参数变化了, 但是其顺序数没有变. 类似地, 从第 M' 个本征态出发, 会仍然留在第 M' 个本征态. 这意味着 $N_{\Delta E}$ 是绝热不变量, 因此玻尔兹曼熵 S 也是绝热不变量. 换句话说, 虽然 ρ 在绝热过程中可以发生变化, 但是该变化可以被 ΔE 的变化所补偿.

我们注意到, 在通常的统计物理论证中, ΔE 被认为是一个没有物理效应的量. 从上面的启发式分析来看, 这一观点未必恰当.

现在, 我们讨论一个具体的研究方案. 为了得到具体的结论, 我们来问一个更深入本质的问题：根据整个系统薛定谔演化的特征, 是否有可能判断上述两个温度定义中哪一个更合适？一个合理的策略是尽量依赖于那些经过广泛验证的经验.

我们来考虑一个多体量子混沌系统 S. 为了将在宏观世界中广泛采用的温度测量方法推广到小量子系统, 需要一个温度计, 更为准确地说, 是一个可以探测 S 的温度的探针. 最简单的探针是一个二能级系统, 就其能够承载温度信息而言, 我们称之为 qubit, 记为 q. 根据我们在宏观中的经验, 系统 S 与探针 q 的互作用需要有以下性质：

(1) 互作用不能太弱, 否则 S 的状态信息无法传递到 q 上；

(2) 也不能太强, 否则 q 有可能明显改变 S 的状态；

(3) 要持续一段时间 (长于弛豫时间), 让 q 进入稳态.

我们需要从 q 的稳态中提取一个参数, 它满足下述条件：

(1) 该参数与我们对温度的理解有关；

(2) 在一定的范围内, 它与互作用的性质 (即互作用的强度与形式) 无关；

(3) 它与探针 q 的初态与哈密顿量都无关.

当上述参数存在时, 它既无关乎 q 的性质, 也无关乎互作用的性质, 只能反映系统 S 的性质. 既然与温度有关, 我们可以利用该参数来定义温度.

假设当系统 S 与探针 q 互作用足够长的时间之后, q 的约化密度矩阵能够稳定下

来, 记为 ρ_q^{re}. 利用关系式 $\rho_q^{\mathrm{re}} = \mathrm{e}^{-\beta H_q}/z$ 可以得到参数 β, 其中 H_q 是探针的哈密顿量, z 是配分函数. 如果在大多数情况下 (除去极弱或极强互作用、互作用与自身哈密顿量互易等特殊情况), β 的数值既不依赖于 S-q 互作用哈密顿量的形式与强度, 也不依赖于 q 的自身哈密顿量, 那么, β 的平均值 $\overline{\beta}$ 反映了系统 S 在探测之前的温度性质, 这里, $\overline{\beta}$ 是对 q 的初态做平均. 我们将满足上述要求的温度称为内禀温度.

我们的解析分析显示,[101] 如果 S 是一个量子混沌系统, 在总体薛定谔演化下, 从上述温度的操作性定义出发所得到的温度是玻尔兹曼温度, 而非吉布斯温度. 利用自旋链的数值模拟也验证了这一点. 因此, 在整个大系统的薛定谔演化下, 玻尔兹曼熵对小量子系统才是合适的.

6.5 能量转换与功

在经典力学中, 功的定义明确且易懂, 即使高中生也能熟练掌握. 但是, 在量子力学中, 由于诸多原因——尤其是能量的不确定性, 功的定义一直比较模糊. 换句话说, 量子力学原则上并不要求一个系统在任意时刻拥有确定的能量. 在讨论量子系统的能量转换 (功与热) 的时候, 这是在概念方面所遇到的最大障碍. 这方面的探索迄今尚未得到最终的结论. 我们简单讨论一下量子功概念所遇到的一些问题, 以及一个有可能解决问题的方向.

在本世纪的第一个十年中, 有几位研究者分别提出过功的一个定义,[102–105] 现在被称为功的两点测量定义. 根据该定义, 如果要计算在一个给定的时间段 $[t_0, t_1]$ 之内、外界对系统 S 所做的功, 需要分别在初始时刻 t_0 与终了时刻 t_1 对系统的能量进行测量. 根据测量公理, 在上述第一次测量之后, ① 系统在 t_0 时刻以概率 $p_\alpha(t_0)$ 处于能量本征态 $|\alpha\rangle$. 这导致系统具有确定的能量 (虽然我们只是知道它以一定的概率拥有一定的能量). 类似地, 在第二次测量之后的 t_1 时刻, 系统以概率 $p_a(t_1)$ 处于能量本征态 $|a\rangle$.② 于是, 虽然不能确定系统在上述时间段之内的各个时刻是否有确定的能量, 但是可以声称系统以一定的概率从能量态 $|\alpha\rangle$ 变为 $|a\rangle$. 如果将这一能量变化解释为外界对系统所做的功, 则对上述过程有下述诠释: 外界以概率 $p_{\alpha a}$ 对系统做功 $W_{\alpha a} = E_a - E_\alpha$, 其中

① 为了叙述简便, 我们假设测量在瞬间发生.

② 注意, 两个时刻的能量本征基 $|\alpha\rangle$ 与 $|a\rangle$ 可能相关, 但是未必相同.

$p_{\alpha a} = p_\alpha(t_0)p_a(t_1)$.

在过去的十多年中, 功的两点测量定义曾经得到广泛关注与大量研究 (比如, 见文献 [106-109]). 该定义有一个利好, 即它使得 Jarzynski 等式在量子情况下仍然成立,[110] 不过这并不能为该定义提供坚实的基础. 事实上, 后来有人论证, 除非子系统在 t_0 时刻的初态相对于能量基而言没有相干性, 测量过程会对系统的能量产生不确定的扰动, 从而使得这样计算出来的功未必是我们真正关心的能量变化.[111,112] 事实上, 当我们关心一个过程——比如在量子热机中——所做的功的时候, 通常我们假设外界没有给出多余的扰动, 尤其是没有进行测量. 通常只有这样计算出来的做功效率, 才是实际应用中所需要的.

前面我们讨论过的, 当能量本征基是特选基时, 在退相干之后子系统在能量方面可以没有相干性. 此时, 如果给约化态以混合态诠释, 则可以认为子系统具有确定的能量. 因此, 至少在一定程度上, 环境诱导的退相干有可能为解决上述问题给出一个有意义的方向. 事实上, 对于较为缓慢的变化过程, 文献 [113] 中论证了退相干的普遍性.

附录

附录 A　混合态与密度算符之间关系的进一步讨论

一个混合态中的状态 $|\psi_i\rangle$ 彼此之间未必正交, 这意味着一个密度算符 ρ 可以有多种混合态分解法. 作为一个例子, 考虑式 (1.15) 中的混合态, 其中 $|\psi_i\rangle$ 归一但是并不正交. 设 ρ 的本征解为 $|\alpha\rangle$, 则有

$$\rho = \sum_{\alpha} p_\alpha |\alpha\rangle\langle\alpha| \tag{A.1}$$

可见, 两个混合态描述 $\{p_i, |\psi_i\rangle\}$ 与 $\{p_\alpha, |\alpha\rangle\}$ 对应于同一个密度算符 ρ. 而且, 如果 ρ 有简并子空间的话, 其正交分解也并不唯一.

上述密度算符的混合态分解的不唯一性, 对于我们关于量子状态的认识具有深远的

影响. 事实上, 它给出了一个矛盾局面. 一方面, 由于被观测系统的所有测量结果都可以用其密度算符给出预言, 事实上, 我们无法从实验上区分那些对应于同一个密度算符的、不同的混合态描述. 另一方面, 根据混合态的定义, 不同混合态的物理制备可以完全不同甚至不相容, 因此, 没有理由认为它们对应于同一个物理情形.

从物理学界数百年来所接受的一个原则来看, 上述矛盾局面有一定的严重性. 该原则是, 一个物理系统的物理状态原则上可以完全由实验所确定. 如果坚持这一原则, 密度算符应该是物理态的最佳描述, 但是, 这又与前述混合态的制备方法有一定的矛盾.

我们来试图分析一下导致上述矛盾局面的根源. 当谈论对一个物理系统的测量结果时, 我们其实暗示存在一个测量仪器, 并且 (至少原则上) 可以在忽略测量仪器的情况下谈论系统在被测量之后的性质. 在经典力学中, 原则上可以做此假设, 而不与基本运动方程产生冲突. 但是, 在量子力学中, 情况要复杂得多. 事实上, 量子力学现在还做不到对测量仪器给予一个明确的定义, 这涉及所谓的测量问题. 这是出现上述矛盾局面的根源.

因此, 在使用上面所谈到的物理原则时一定要小心. 比如, 我们可以试着将该原则做如下修改：在制备方案确定的情况下, 原则上, 可以利用后来的实验测量结果来确定一个物理系统的物理状态. 在实验室中, 由于被测系统的制备方案总是确定的, 上述密度算符分解的不唯一性通常不会带来理解上的问题.

附录 B　传播子的路径积分表示

利用薛定谔方程的形式解, 可以推出传播子的如下路径积分表示式 (见各种教科书, 比如专著 [2])：

$$K(\boldsymbol{r},\boldsymbol{r}_0;t)=\left(\prod_{i,k}\frac{\int \mathrm{d}q_k^i\mathrm{d}p_k^i}{2\pi\hbar}\right)\exp\left\{\frac{\mathrm{i}}{\hbar}\sum_k\left(\sum_i p_k^i(q_{k+1}^i-q_k^i)-\varepsilon H(\frac{q_{k+1}+q_k}{2},p_k)\right)\right\} \tag{B.1}$$

这里, 已将时间区间 $[0,t]$ 等分为 N 段, 间隔 $\varepsilon=t/N$, 间隔点为 $t_k=tk/N$, $k=0,1,\cdots,N$；q_k^i 是第 i 个位置分量在第 k 个时间点上的值 (p_k^i 是动量的类似值). 动量积分的 k 从 0 到 $N-1$, 而位置积分的 k 从 1 到 $N-1$. 上述传播子可以简记为

$$K(\boldsymbol{r},\boldsymbol{r}_0;t)=\int\mathcal{D}q(t)\mathcal{D}p(t)\exp\left\{\frac{\mathrm{i}}{\hbar}\int_0^T\mathrm{d}t\left(\sum_i p^i\dot{q}^i-H(q,p)\right)\right\} \tag{B.2}$$

或者求和形式

$$K(q,q_0;t)=\sum_{\text{path}}\exp\{\mathrm{i}S_{\text{path}}(q,q_0;t)/\hbar\} \tag{B.3}$$

其中, $S_{\text{path}}(q,q_0;t)=\int L\mathrm{d}t$.

当哈密顿量的形式为

$$H=\sum_{i=1}^{n}\frac{p_i^2}{2m_i}+V(q,t) \tag{B.4}$$

时, 可以完成上述传播子中的动量积分, 得到传播子的费曼路径积分表示:

$$K(q,q_0;t)=\int\mathcal{D}[C]\exp\{\mathrm{i}S(C)/\hbar\} \tag{B.5}$$

其中, C 代表路径, 而

$$S(C)=\int_0^t L(\dot{q},q,t')\mathrm{d}t'=\lim_{N\to\infty}\varepsilon\sum_{k=1}^{N}\left[\sum_i\frac{m_i}{2}\left(\frac{q_k^i-q_{k-1}^i}{\varepsilon}\right)^2-V(q_k,t_k)\right] \tag{B.6}$$

$$\int\mathcal{D}[C]=\lim_{N\to\infty}\prod_{i=1}^{n}g_i\prod_{k=1}^{N-1}\int_{-\infty}^{\infty}(g_i\mathrm{d}q_k^i)=\lim_{N\to\infty}\prod_{i=1}^{n}(g_i)^N\prod_{k=1}^{N-1}\int_{-\infty}^{\infty}\mathrm{d}q_k^i \tag{B.7}$$

这里

$$g_i=\sqrt{\frac{m_i}{2\pi\mathrm{i}\hbar\varepsilon}} \tag{B.8}$$

附录 C　稳相近似

我们介绍稳相近似的基本思想. 该思想在处理许多物理问题中都很重要, 不限于半经典推导. 考虑一个积分

$$J=\int_a^b f(x)\mathrm{e}^{\mathrm{i}g(t)/\hbar}\mathrm{d}x \tag{C.1}$$

其中 f 和 g 是光滑函数, 并且在区间 $[a,b]$ 内有唯一的一点 x_c, 使得 $g'(x_c)=0$ 且 $g''(x_c)\neq0$、$f(x_c)\neq0$. 当 $\hbar$ 很小时, 只要 x 少许偏离 x_c, $\exp(\mathrm{i}g(t)/\hbar)$ 就会快速振荡. 其结果是, 在 $\hbar\to\infty$ 时, x_c 的一个小邻域之外的区域对上述积分的贡献可以忽略. 在其邻域中, 可以证明只需要考虑 $g(x)$ 泰勒展开式的二阶项

$$J\simeq f(x_c)\mathrm{e}^{\mathrm{i}g(x_c)/\hbar}\int_{c+\varepsilon}^{c-\varepsilon}\exp\left\{\frac{\mathrm{i}}{2\hbar}g''(x_c)(x-x_c)^2\right\}\mathrm{d}x \tag{C.2}$$

再利用公式

$$\int_{-\infty}^{\infty} \mathrm{e}^{\mathrm{i}\lambda t^2}\mathrm{d}t = \sqrt{\pi\mathrm{i}/|\lambda|}\begin{cases}1 & \lambda > 0\\ \mathrm{e}^{-\mathrm{i}\pi/2} & \lambda < 0\end{cases} \tag{C.3}$$

可以得到

$$J \simeq \sqrt{\frac{2\pi\mathrm{i}\hbar}{g''(c)}}f(x_c)\mathrm{e}^{\mathrm{i}g(x_c)/\hbar} \tag{C.4}$$

这就是积分 J 的稳相近似.

对于 n 个自变量的积分函数

$$J = \int\cdots\int f(\boldsymbol{x})\mathrm{e}^{\mathrm{i}g(\boldsymbol{x})/\hbar}\mathrm{d}x_1\cdots\mathrm{d}x_n \tag{C.5}$$

稳相近似给出

$$J \simeq \sqrt{\frac{(2\pi\mathrm{i}\hbar)^n}{|\det D|}}f(\boldsymbol{x}_c)\mathrm{e}^{\{\mathrm{i}g(\boldsymbol{x}_c)/\hbar - \mathrm{i}M\pi/2\}} \tag{C.6}$$

其中, D 为函数 $g(\boldsymbol{x})$ 在稳相点 $\boldsymbol{x}_c$ 处泰勒展开式二阶系数 $d_{j,k}$ 的矩阵, 即

$$g(\boldsymbol{x}) = g(\boldsymbol{x}_c) + \frac{1}{2}\sum_{j,k} d_{j,k}(x_j - x_{cj})(x_k - x_{ck}) + \cdots \tag{C.7}$$

而 M 表示矩阵 D 的所有负本征值的个数.

附录 D Ehrenfest 方程

Ehrenfest 方程包含了理解量子-经典对应的一些基本知识, 但是, 不是每一个量子力学教科书中都有介绍. 因此, 我们这里予以简单讨论.

在量子力学的预言中, 与经典量最直接相关的量是位置与动量的期待值 (也称平均值), 记为 $\overline{\boldsymbol{x}}$ 与 $\overline{\boldsymbol{p}}$. 对于量子态 $|\psi\rangle$, 它们分别定义为

$$\overline{\boldsymbol{x}} = \langle\psi|\widehat{\boldsymbol{x}}|\psi\rangle \tag{D.1}$$

$$\overline{\boldsymbol{p}} = \langle\psi|\widehat{\boldsymbol{p}}|\psi\rangle \tag{D.2}$$

这里, 小帽子 "^" 代表算符, 不过我们通常忽略掉. 一个有趣的问题是上述期待值所满足的动力学方程与牛顿方程的关系. 推导很简单, 我们下面给出. 在位置表象中, $|\psi(t)\rangle$

的波函数写为 $\psi(\boldsymbol{x},t)$, 简记为 $\psi(\boldsymbol{x})$ 或者 ψ.

$$\frac{\mathrm{d}}{\mathrm{d}t}\overline{\boldsymbol{x}}=\frac{\mathrm{d}}{\mathrm{d}t}\int\psi^*\boldsymbol{x}\psi\mathrm{d}\tau=\int\psi^*\boldsymbol{x}\frac{\partial\psi}{\partial t}\mathrm{d}\tau+\int\frac{\partial\psi^*}{\partial t}\boldsymbol{x}\psi\mathrm{d}\tau \tag{D.3}$$

将薛定谔方程

$$\mathrm{i}\hbar\frac{\partial}{\partial t}\psi=H\psi,\qquad -\mathrm{i}\hbar\frac{\partial}{\partial t}\psi^*=H\psi^*$$

代入式 (D.3), 得到

$$\begin{aligned}\frac{\mathrm{d}\overline{\boldsymbol{x}}}{\mathrm{d}t}&=\int\psi^*\boldsymbol{x}\left(\frac{1}{\mathrm{i}\hbar}\right)\left(-\frac{\hbar^2}{2m}\nabla^2+V\right)\psi\mathrm{d}\tau+\int\left[\left(-\frac{1}{\mathrm{i}\hbar}\right)\left(-\frac{\hbar^2}{2m}\nabla^2+V\right)\psi^*\right]\boldsymbol{x}\psi\mathrm{d}\tau\\&=\frac{\mathrm{i}\hbar}{2m}\int(\psi^*\boldsymbol{x}\nabla^2\psi-(\nabla^2\psi^*)\boldsymbol{x}\psi)\mathrm{d}\tau\end{aligned}$$

重复使用公式 $\nabla\cdot(fg)=(\nabla\cdot f)g+f\cdot\nabla g$, 并且利用 $(\nabla\psi^*)\boldsymbol{x}\psi$ 在无穷远处的面积分为零这一性质, 可以得到

$$\int(\nabla^2\psi^*)\boldsymbol{x}\psi\mathrm{d}\tau=\int\nabla\cdot((\nabla\psi^*)\boldsymbol{x}\psi)\mathrm{d}\tau-\int(\nabla\psi^*)\nabla(\boldsymbol{x}\psi)\mathrm{d}\tau=\int\psi^*\nabla^2(\boldsymbol{x}\psi)\mathrm{d}\tau$$

这给出

$$\frac{\mathrm{d}\overline{\boldsymbol{x}}}{\mathrm{d}t}=\frac{\mathrm{i}\hbar}{2m}\int\psi^*[\boldsymbol{x}\nabla^2\psi-\nabla^2(\boldsymbol{x}\psi)]\mathrm{d}\tau=-\frac{\mathrm{i}\hbar}{m}\int\psi^*\nabla\psi\mathrm{d}\tau \tag{D.4}$$

对动量期待值可以类似处理. 最后, 我们得到下述方程:

$$\frac{\mathrm{d}\overline{\boldsymbol{x}}}{\mathrm{d}t}=\frac{1}{m}\overline{\boldsymbol{p}} \tag{D.5}$$

$$\frac{\mathrm{d}\overline{\boldsymbol{p}}}{\mathrm{d}t}=-\overline{\nabla V} \tag{D.6}$$

通常称为 Ehrenfest 方程, 其中

$$\overline{\nabla V}=\int\psi^*(\boldsymbol{x})\left[\nabla_{\boldsymbol{x}}V(\boldsymbol{x})\right]\psi(\boldsymbol{x})\mathrm{d}\boldsymbol{x} \tag{D.7}$$

式 (D.5) 与经典动量的定义在形式上很像. ①

我们用 $\boldsymbol{x}_0$ 代表波函数的中心, 记 ψ 为 $\psi(\boldsymbol{x},\boldsymbol{x}_0)$. 一般而言

$$\overline{\nabla V}\neq\nabla_{\boldsymbol{x}_0}\overline{V}(\boldsymbol{x}_0) \tag{D.8}$$

其中

$$\overline{V}(\boldsymbol{x}_0)=\int\psi^*(\boldsymbol{x},\boldsymbol{x}_0)V(\boldsymbol{x})\psi(\boldsymbol{x},\boldsymbol{x}_0)\mathrm{d}\boldsymbol{x} \tag{D.9}$$

① 在海森伯绘景中对上述结果的推导更为直接, 如 $\frac{\mathrm{d}\overline{x}}{\mathrm{d}t}=\frac{\mathrm{d}}{\mathrm{d}t}\overline{[x,H]}/(\mathrm{i}\hbar)=\frac{\overline{p_x}}{m}$.

可见式 (D.6) 与牛顿方程还是有一定的差距. 不过, 对于足够窄的波包 $\psi(\boldsymbol{x},\boldsymbol{x}_0)$, 在波包范围内, ∇V 近似为常数. 这意味着, $\overline{\nabla V} \simeq \nabla_{\boldsymbol{x}_0}\overline{V}(\boldsymbol{x}_0)$. 于是有

$$\frac{\mathrm{d}\overline{\boldsymbol{p}}}{\mathrm{d}t} \simeq -\nabla_{\boldsymbol{x}_0}\overline{V}(\boldsymbol{x}_0) \tag{D.10}$$

与牛顿方程形式上一致, 也就是说, 平均动量的变化近似满足牛顿方程.

附录 E　经典哈密顿系统中的可积与混沌运动

我们简要介绍经典哈密顿系统运动的一些主要特征, 尤其关注如何从可积系统发展出拥有混沌运动的系统. 我们讨论保守系统, 即哈密顿量不含时间的系统.

经典哈密顿系统的状态由相空间中的点来描述. 对于由现实三维空间中的 N 个独立粒子所组成的系统, 其相空间是一个 $6N$ 维的线性空间, 每个维度对应于粒子的一个位置维度或者动量维度. 相空间中的一个点记为 $(\boldsymbol{Q},\boldsymbol{P})$, 其中, $\boldsymbol{Q}=(q_1,\cdots,q_N),\boldsymbol{P}=(p_1,\cdots,p_N)$, 该点的运动由所谓哈密顿量 $H(\boldsymbol{P},\boldsymbol{Q})$ 通过哈密顿方程来“驱动”, 局限于所谓的能曲面——相空间中对应于一个给定的哈密顿量值的区域.

哈密顿方程虽然简洁, 但是解析处理十分困难. 一般而言, 哈密顿系统运动的解析研究使用的是哈密顿-雅可比方程, 利用的是正则变换. 相应地, 对该系统演化解析性质的了解, 通常不是通过点 $(\boldsymbol{Q},\boldsymbol{P})$ 的轨迹, 而在于相空间中几何结构的演化特点. 其中, 刘维尔定理起到十分重要的支撑作用.

所谓可积系统的运动——也称规则运动, 为理解一般系统在相空间中的运动提供了一个有意义的背景, 也是研究后者的有效出发点. “可积系统”一词的本义, 是指可以对哈密顿-雅可比方程进行积分而求解的系统, 这样的系统通常拥有 $3N$ 个独立且以作用量形式存在的守恒量 (在此, 作用量指作用量-角变量一词中的作用量), 而哈密顿量是这些作用量的函数. 当这些守恒的作用量的具体数值确定之后, $3N$ 个角变量的变化会在相空间中形成一个 $3N$ 维的、类似于面包圈结构的区域, 被称为环面 (形成环面的原因是角变量的 2π 周期). 于是, 可积系统总是在一个确定的环面上做周期或者准周期运动, 这样的运动称为规则运动. (准周期的意思是, 每个自由度内是周期的, 而整体运动是非周期的.) 这些规则运动给人们一个参照, 据此可以想象与研究更为复杂的运动. 具体些, 我们用 $\theta_i(i=1,2,\cdots,3N)$ 表示角变量, 其时间演化写为

$$\theta_i(t)=\theta_i(0)+\omega_i t \tag{E.1}$$

其中, ω_i 是第 i 个自由度的变化率.

出现复杂运动所需位形空间维数 f 的最小数值是 2. 研究相应相空间的有力工具是所谓庞加莱截面, 这时, 四维相空间中的能曲面是三维的. 庞加莱截面方法, 是指用一个平面来切能曲面, 然后记录一个轨道沿着一个给定方向穿过该截面时所产生的交点, 并且研究交点集合的特征. 利用该方法, 人们可以使用二维平面图形来研究四维相空间中的复杂运动.

对于理解 $f=2$ 的可积系统的运动, 一个重要的量是所谓缠绕数 (winding number), 记为 γ. 它是环面上两个自由度的变化率的比值, 即

$$\gamma = \frac{\omega_2}{\omega_1} \tag{E.2}$$

γ 为有理数的环面被称为有理环面, γ 为无理数的环面被称为无理环面. 有理环面上的运动是周期的, 而无理环面上的运动是准周期的.

哈密顿系统动力学的一个重要内容, 是研究扰动对规则运动的影响. 为此, 主要的研究方法并不着眼于单个轨道的细节, 而是关注环面的变化. 如果轨道仍然待在某个环面上, 人们说环面发生了变形但是仍然保持存在; 否则, 称环面破裂了. 关于环面变化的动力学, 有两个重要的定理. 一个是所谓的庞加莱–伯克霍夫定理, 内容是说, 有理环面在小扰动下会破裂为偶数个不动点, 其中一半是稳定的 (椭圆) 不动点, 另一半是不稳定的 (双曲) 不动点.

另一个是著名的 KAM 定理. 首先, Komogorov 于 1954 年提出其基本内容与解决方案; 然后, 在 1961—1962 年, 假设扰动项的任意阶导数连续, Arnold 证明了该定理; 最后, Mose 在 1962 年将限制放松为一个“足够高阶”的导数连续. 该定理是一个数学杰作, 是动力学领域中少数的几个能够严格证明的定理之一. 其基本内容是, 在小扰动下, 那些缠绕数足够“无理”的环面仍然保持存在. 这里, 足够“无理”指满足下述条件:

$$\left|\gamma - \frac{q}{s}\right| > \frac{K(\epsilon)}{s^{2.5}} \tag{E.3}$$

其中, q 与 s 代表任意整数, ϵ 是扰动强度, 而 $K(\epsilon)$ 是一个系统依赖的函数.

上述两个定理描绘出了可积系统在小扰动下的行为. 小扰动虽然可以破坏有理环面, 但是由于无理环面远比有理环面密集, 当大量无理环面仅仅发生形变时, 相空间大体而言仍然存在环面结构, 是近可积的. 随着扰动的增强, 越来越多的环面被破坏, 形成混沌海, 而残存的环面结构称为规则岛. 在这一过程中, 有同宿点与异宿点等重要概念, 我们就不详述了. 这样, 轨道越来越混乱, 由此可以通向混沌运动.

混沌运动的定量刻画方式之一由李雅普诺夫指数给出, 它描绘了轨道的稳定性. 具体而言, 考虑一条无穷长时间内的轨道 G. 所问的问题是, 如果在初始时刻发生了对 G

的一个小的偏离, 那么该偏离随时间按照何种方式变化. 我们用 X 记相空间中的一个点, $X(0)$ 是轨道 G 的初始点, 而 $Y(0)$ 是 $X(0)$ 附近的一个点. 记 d 为相空间中两点之间的距离, $d(t)=\|X(t)-Y(t)\|$. 李雅普诺夫定理说的是, 在 $X(0)$ 点存在 $6N$ 个方向, 记为 e_i, 如果 $Y(0)-X(0)$ 沿着 e_i 方向, 则下述极限存在:

$$\sigma(X(0),e_i)=\lim_{t\to\infty}\lim_{d(0)\to 0}\frac{1}{t}\ln\frac{d(t)}{d(0)} \tag{E.4}$$

并被称为 e_i 方向上的李雅普诺夫指数. 最为重要的是最大李雅普诺夫指数, 记为 σ_1. 容易看出, 对于大多数初始偏离方向, 有

$$d(t)\sim \mathrm{e}^{\sigma_1 t} \tag{E.5}$$

当 $\sigma_1>0$ 时, 轨道偏离按照指数方式增长, 这样的轨道称为混沌轨道.

注意, 李雅普诺夫指数定义中的两个极限的顺序不能交换. 事实上, 该顺序保证了从 $Y(0)$ 出发的轨道一直待在 G 的附近. 正因为如此, 我们才能够说该指数刻画了轨道 G 的性质.

附录 F　随机矩阵理论

存在各式各样的随机矩阵理论 (RMT). 如果不特别说明, RMT 指的是其原始版本, 即维格纳 (Wigner) 和戴森 (Dyson) 在 20 世纪中叶所创立的理论. 之所以创立该理论, 是为了帮助理解在原子核反应实验中所积累起来的、大量的中间及以上能区的共振数据. 当时, 关于核力还没有可以信赖的模型, 尤其是哈密顿量. 人们只是从实验中发现, 核力应该具有十分复杂的特性.

对于复杂系统, 物理学家的一个标准研究方法是考察其统计性质. 于是, 人们研究了实验中得到的核能谱, 即共振谱的统计涨落性质. 受到平衡态统计物理学成功应用于热力学的启发, Wigner 和 Dyson 建议研究哈密顿量所组成的系综. 具体而言, 将哈密顿矩阵的矩阵元视为受到一定限制的随机数, 从而构造出一个基矢无关的矩阵系综. 这里, 限制来自于一定的对称性, 即要求该系综在对称变换下不变. 对具有时间反演对称性的系统, 可以要求其哈密顿量矩阵元是实的, 这样的矩阵系综称为高斯正交系综 (GOE). 没有时间反演对称性的系统, 哈密顿量矩阵元是复数的, 这样的矩阵系综称为高斯酉系综 (GUE). 他们发现, 这样构造出来的矩阵系综的统计性质可以解析求解, 并且其预言与实验数据符合得不错.

RMT 受到重视的原因之一是它的可求解性与实效性. 后来, 它被应用于各种存在复杂性或无规性的系统, 且针对不同的模型可以引入不同的 RMT.

附录 G　LE 衰减行为的半经典推导

本附录中, 关于量子混沌系统 LE 衰减的大部分内容来自文献 [36,37,43,49], 但是经过了重新整理. 关于量子可积系统的来自文献 [45].

G.1　LE 的半经典积分表示式

我们推导 LE 的一个较为容易处理的、半经典积分表示式. 可以从下述波函数演化的半经典表示式出发:

$$\Psi_{\rm sc}(\boldsymbol{q}_B;t_B)\simeq\int K_{\rm sc}(B,A)\Psi(\boldsymbol{q}_A;t_A){\rm d}\boldsymbol{q}_A \tag{G.1}$$

其中, $K_{\rm sc}(B,A)$ 为式 (2.3) 中的半经典传播子. 为简便起见, 我们将初始位置 $\boldsymbol{q}_A$ 记为 $\boldsymbol{r}_0$, 最终位置 $\boldsymbol{q}_B$ 记为 $\boldsymbol{r}$. 考虑初态为 $t=0$ 时刻、一个 d 维空间里的窄高斯波包 $\Psi_0(\boldsymbol{r}_0)$, 波包中心在 $\tilde{\boldsymbol{r}}_0$ 点, 平均动量为 $\tilde{\boldsymbol{p}}_0$, 波包宽度为 ξ(小量). 具体表示式为

$$\Psi_0(\boldsymbol{r}_0)=\left(\frac{1}{\pi\xi^2}\right)^{\frac{d}{4}}\exp\left[\frac{\rm i}{\hbar}\tilde{\boldsymbol{p}}_0\boldsymbol{r}_0-\frac{(\boldsymbol{r}_0-\tilde{\boldsymbol{r}}_0)^2}{2\xi^2}\right] \tag{G.2}$$

半经典传播子之下, 该初态演化到 t 时刻的状态为

$$\begin{aligned}\Psi_{\rm sc}(\boldsymbol{r};t)\simeq&\left(\frac{1}{2\pi^{3/2}{\rm i}\hbar\xi}\right)^{\frac{d}{2}}\int{\rm d}\boldsymbol{r}_0\sum_\alpha\sqrt{C_\alpha}\exp\left\{\frac{\rm i}{\hbar}\left[S_\alpha(\boldsymbol{r},\boldsymbol{r}_0;t)+\tilde{\boldsymbol{p}}_0\boldsymbol{r}_0\right]\right.\\&\left.-\frac{\left[{\rm i}\xi^2\mu_\alpha\pi+(\boldsymbol{r}_0-\tilde{\boldsymbol{r}}_0)^2\right]}{2\xi^2}\right\}\end{aligned} \tag{G.3}$$

其中, α 标记经典轨道, $C_\alpha=|\partial^2S_\alpha(\boldsymbol{r},\boldsymbol{r}_0)/(\partial\boldsymbol{r}\partial\boldsymbol{r}_0)|$. 利用上述半经典近似, 可以将 LE 波幅写为

$$m(t)\simeq\int{\rm d}\boldsymbol{r}\left[\psi_{\rm sc}^{H_1}(\boldsymbol{r};t)\right]^*\psi_{\rm sc}^{H_0}(\boldsymbol{r};t) \tag{G.4}$$

其中, $\psi_{\rm sc}^{H_0}(\boldsymbol{r};t)$ 指在 H_0 系统中演化得到的结果, 而 $\psi_{\rm sc}^{H_1}(\boldsymbol{r};t)$ 为在 H_1 系统中得到的.

为了简便起见, 我们记 H_0 为 $H(\lambda)$, 而记 H_1 为 $H(\lambda')$. 这样, 我们用撇来标记两个系统的区别, 比如

$$m(t)=\int[\Psi_{\rm sc}^{H(\lambda')}(\boldsymbol{r};t)]^*\Psi_{\rm sc}^{H(\lambda)}(\boldsymbol{r};t)\mathrm{d}\boldsymbol{r} \tag{G.5}$$

将式 (G.3) 代入式 (G.5), 得到 $m(t)$ 的一个表示式, 其中包含对经典轨道的双重求和, 即 $\sum\limits_{\alpha}\sum\limits_{\alpha'}$ (其中, α 来自 $\psi_{\rm sc}^{H(\lambda)}(\boldsymbol{r};t)$, 而 α' 来自 $\psi_{\rm sc}^{H(\lambda')}(\boldsymbol{r};t)$). 一般而言, 这种双重求和的计算十分困难. 不过幸运的是, 如果扰动项 ϵV 在经典情况下足够小, 则有可能回避上述困难. 这种情况下, $H(\lambda)$ 与 $H(\lambda')$ 两个经典系统的轨道之间通常存在一一对应关系, 且相应轨道之间的差别很小, 从而导致半经典表示式中的那些 $\alpha=\alpha'$ 的项之间会有很强的相干加强效应.

鉴于上述相干加强效应, 在 LE 的半经典处理中的一个重要且关键的近似, 是假设 $\alpha\neq\alpha'$ 的那些项的贡献可以忽略. 该近似在直观上可以接受, 但是较为严格的解析论证其实并不容易. 这一近似带来了一大简便：消去了既难以解析处理又难以数值计算的马斯洛夫指数项 $\mathrm{i}\xi^2\mu_\alpha\pi$.

在这样得到的 $m(t)$ 表示式的相位中, 仍然有一个较为复杂的项, 即作用量差值

$$S_\alpha(\boldsymbol{r},\boldsymbol{r}_0;t)-S_{\alpha'}(\boldsymbol{r},\boldsymbol{r}_0';t)$$

为了处理这一项, 我们注意到, 在经典弱的扰动下, α 与 α' 两条轨道在相空间中的差异其实可以忽略. 因此, 在有关轨道的一阶近似下, 可以使用同一条轨道来计算上述两个作用量, 比如使用轨道 α. 对于窄高斯波包初态 (ξ 足够小), 可以将 $S_\alpha(\boldsymbol{r},\boldsymbol{r}_0;t)$ 相对于波包中心 $\tilde{\boldsymbol{r}}_0$ 来做一阶泰勒展开, 得到

$$S_\alpha(\boldsymbol{r},\boldsymbol{r}_0;t)\simeq S_\alpha(\boldsymbol{r},\tilde{\boldsymbol{r}}_0;t)-(\boldsymbol{r}_0-\tilde{\boldsymbol{r}}_0)\boldsymbol{p}_\alpha \tag{G.6}$$

其中

$$\boldsymbol{p}_\alpha=-\left.\frac{\partial S_\alpha(\boldsymbol{r},\boldsymbol{r}_0;t)}{\partial\boldsymbol{r}_0}\right|_{\boldsymbol{r}_0=\tilde{\boldsymbol{r}}_0} \tag{G.7}$$

对带撇系统做类似处理, 得到

$$S_\alpha(\boldsymbol{r},\boldsymbol{r}_0;t)-S_{\alpha'}(\boldsymbol{r},\boldsymbol{r}_0';t)\simeq\Delta S_\alpha(\boldsymbol{r},\tilde{\boldsymbol{r}}_0;t)-(\boldsymbol{r}_0-\boldsymbol{r}_0')\boldsymbol{p}_\alpha \tag{G.8}$$

其中, $\Delta S_\alpha(\boldsymbol{r},\tilde{\boldsymbol{r}}_0;t)$ 是两个系统在相同标号 α 轨道上的作用量之差. 在经典扰动论的一阶近似下, 有

$$\Delta S_\alpha(\boldsymbol{r},\tilde{\boldsymbol{r}}_0;t)\simeq\epsilon\int_0^t\mathrm{d}t'V[\boldsymbol{r}(t')] \tag{G.9}$$

其中, V 沿轨道 α 赋值. 在对拉格朗日流形进行分析的基础上, 有人认为 $M_\alpha^{H(\lambda')}\simeq M_\alpha^{H(\lambda)}$. [50]

将式 (G.8) 代入 $m(t)$, 并且分别计算 $\boldsymbol{r}_0$ 与 $\boldsymbol{r}_0'$ 的高斯积分, 可以得到 $m(t)$ 的表达式 [35]

$$m(t) \simeq \left(\frac{\xi^2}{\pi\hbar^2}\right)^{\frac{d}{2}} \int \mathrm{d}\boldsymbol{r} \sum_\alpha C_\alpha \exp\left[\frac{\mathrm{i}}{\hbar}\Delta S_\alpha(\boldsymbol{r},\tilde{\boldsymbol{r}}_0;t) - \frac{\xi^2}{\hbar^2}(\boldsymbol{p}_\alpha - \tilde{\boldsymbol{p}}_0)^2\right] \tag{G.10}$$

将式 (G.10) 中的积分变量 $\boldsymbol{r}$ 变为初始动量 $\boldsymbol{p}_0$, 可以得到一个更为简洁且易于计算的表达式 [50]

$$m(t) \simeq \left(\frac{\xi^2}{\pi\hbar^2}\right)^{\frac{d}{2}} \int \mathrm{d}\boldsymbol{p}_0 \exp\left[\frac{\mathrm{i}}{\hbar}\Delta S(\boldsymbol{p}_0,\tilde{\boldsymbol{r}}_0;t) - \frac{\xi^2}{\hbar^2}(\boldsymbol{p}_0 - \tilde{\boldsymbol{p}}_0)^2\right] \tag{G.11}$$

其中 $\Delta S(\boldsymbol{p}_0,\tilde{\boldsymbol{r}}_0;t)$ 是初始条件为 $(\tilde{\boldsymbol{r}}_0,\boldsymbol{p}_0)$ 的经典轨道上的作用量之差. 类似于式 (G.9), 这里的 $\Delta S(\boldsymbol{p}_0,\tilde{\boldsymbol{r}}_0;t)$ 同样有近似表达式

$$\Delta S(\boldsymbol{p}_0,\tilde{\boldsymbol{r}}_0;t) \simeq \epsilon \int_0^t \mathrm{d}t' V[\boldsymbol{r}(t'),\boldsymbol{p}(t')] \tag{G.12}$$

G.2 LE 的半经典研究策略

利用式 (G.11) 来推导 LE 性质的一个有用方法, 是将 $m(t)$ 写为对 ΔS 的积分. 记 $x = \Delta S$, 该积分写为

$$m(t) = \int \mathrm{d}x \mathrm{e}^{\mathrm{i}x/\hbar} P(x) \tag{G.13}$$

其中, $P(x)$ 是作用量之差的分布函数:

$$P(x) \simeq \left(\frac{\xi^2}{\pi\hbar^2}\right)^{\frac{d}{2}} \int \mathrm{d}\boldsymbol{p}_0 \delta[x - \Delta S(\boldsymbol{p}_0,\tilde{\boldsymbol{r}}_0;t)] \exp\left[-\frac{(\boldsymbol{p}_0 - \tilde{\boldsymbol{p}}_0)^2}{(\hbar/\xi)^2}\right] \tag{G.14}$$

用 $\widetilde{P}(k)$ 来表示 $P(x)$ 的傅里叶变换, 则从式 (G.13) 可以看出

$$m(t) = \widetilde{P}(1/\hbar) \tag{G.15}$$

我们前面讨论过, 半经典理论的成立没有明确的时间上限. 因此, 在上述近似成立的情况下, 原则上可以利用式 (G.13) 来讨论 LE 在长时间内的行为. 真正的困难来自 $P(x)$ 的具体表示式.

利用式 (G.13) 来分析 LE 的衰减行为, 需要知道 $\Delta S_\alpha(\boldsymbol{r},\tilde{\boldsymbol{r}}_0;t)$, 即 $\int_0^t \mathrm{d}t' V(t')$ 的分布函数的形式. 研究 $P(\Delta S)$ 分布的一个有效方法, 是将各条轨道分解为适当长度的片段, 我们记片段的时间长度为 τ_{div}, 其中下标 div 代表英文 division. 技巧在于, 根据不

同情况选取不同的分段方法，并采取不同的求和策略. 在不同的情况下，τ_{div} 的定义会有所不同.

最后，我们对经典轨道的种类做下述分类.

C1. 与周期运动相关的轨道.

- C1-1. 所有轨道都呈现 (近似) 周期性. (少自由度的可积系统具有该特征.)
- C1-2. 少量轨道呈现 (近似) 周期行为. (比如混沌系统中的闭合轨道.)

C2. 与周期运动无关的轨道.

从式 (G.14) 来看，$P(x)$ 分布的主要特征与该表示式中的 δ 函数密切相关. 在 f-p_0 图上，该 δ 函数所确定的是 $f = x$ 的平直线与函数 $\Delta S(p_0)$ 的曲线的交点. 这一点，再加上式 (G.13) 右侧中的 $\hbar$ 很小，意味着我们需要将 $\Delta S(p_0)$ 函数的鞍点单独处理. 因此，需要区分两种情况.

- C2-1. $\Delta S(p_0)$ 函数的非鞍点附近区域.
- C2-2. $\Delta S(p_0)$ 函数的鞍点附近区域.

根据上述分类，我们在后面具体讨论下列经典轨道集合.

- $\mathcal{S}_{\text{C1-1}}$：少自由度的可积系统中的轨道，它们呈现 (近似) 周期性.
- $\mathcal{S}_{\text{C1-2}}$：混沌系统中的孤立闭合轨道.
- $\mathcal{S}_{\text{C2-1}}$：混沌系统中的一般性的、不处于 $\Delta S(p_0)$ 鞍点区的轨道.
- $\mathcal{S}_{\text{C2-2}}$：混沌系统中处于 $\Delta S(p_0)$ 鞍点区的轨道.

G.3 量子混沌系统中的 LE 衰减行为

我们利用上面讨论的半经典方法来推导量子混沌系统中的 LE 衰减行为.

1. $\mathcal{S}_{\text{C2-1}}$ 轨道的贡献——FGR 衰减

我们讨论混沌系统中 $\mathcal{S}_{\text{C2-1}}$ 轨道的贡献. 对于 $\mathcal{S}_{\text{C2-1}}$ 集合中的轨道，我们取 τ_{div} 为轨道相关时间. 即在计算 ΔS 时，间隔 τ_{div} 的轨道片段 (不包括鞍点附近的片段) 可以被视为无关联. 这意味着，当 $t \gg \tau_{\text{div}}$ 时，$\Delta S_\alpha(\boldsymbol{r}, \tilde{\boldsymbol{r}}_0; t)$ 可以被视为许多随机数相加. 根据中心极限定理，这类轨道的 $\Delta S_\alpha(\boldsymbol{r}, \tilde{\boldsymbol{r}}_0; t)$ 呈现高斯分布，记为 $P_{\text{G}}(\Delta S)$，其宽度正比于 $\sqrt{t}$.

这样, 我们有

$$M_{\mathrm{FGR}}(t) \simeq \left|\int \mathrm{d}\Delta S \mathrm{e}^{\mathrm{i}\Delta S/\hbar} P_{\mathrm{G}}(\Delta S)\right|^2 \tag{G.16}$$

我们将 $P_{\mathrm{G}}(\Delta S)$ 分布的方差写为 $2\epsilon^2 K(E)t$, 其中 $K(E)$ 由下式给出: [36]

$$K(E) = \frac{1}{2t}\left(\left\langle\left[\int_0^t V(t')\mathrm{d}t'\right]^2\right\rangle - \left\langle\int_0^t V(t')\mathrm{d}t'\right\rangle^2\right) \tag{G.17}$$

将 ΔS 的高斯分布函数形式代入式 (G.16), 容易求得 $M(t)$ 的衰减行为

$$M_{\mathrm{FGR}}(t) \simeq \mathrm{e}^{-2\sigma^2 K(E)t} \tag{G.18}$$

其中 $\sigma = \epsilon/\hbar$ 是扰动强度的量子度量. 式 (G.18) 就是正文中提过的费米黄金规则 (FGR) 衰减式 (3.19).

由于下述原因, 随着时间的增加, LE 的衰减会偏离 FGR 衰减. 一方面, $P(\Delta S)$ 分布会逐渐偏离高斯分布. 另一方面, 随着时间的推移, 越来越多的轨道会呈现 (近似) 周期行为, 而其中有些轨道的半经典贡献之间会有较强的相干叠加效应, 这会导致前述轨道片段的贡献不能被视为随机数. 直观上而言, 上述偏离出现的时间尺度可能与海森伯时间相关. 也就是说, 在海森伯时间尺度之后, 似乎没有理由认为上述 FGR 衰减仍然会出现. 这里, 海森伯时间 $\tau_{\mathrm{H}} \sim \hbar/d$, 其中 d 是平均能级间距.

2. $\mathcal{S}_{\mathrm{C2\text{-}2}}$ 轨道的贡献——扰动强度无关的衰减

我们讨论混沌系统中 $\mathcal{S}_{\mathrm{C2\text{-}2}}$ 轨道的贡献. $\mathcal{S}_{\mathrm{C2\text{-}2}}$ 包括的是, 在式 (G.11) 右侧积分中、ΔS 鞍点附近的贡献. 当 σ 足够大的时候, 可以利用稳相近似方法来计算鞍点附近的贡献. 记稳相点为 a, 则所有稳相点对 LE 的贡献写为

$$M_{\mathrm{PSiD}}(t) \simeq \left|\sum_a F_a(t)\right|^2 \tag{G.19}$$

其中, $F_a(t)$ 代表对稳相点 a 附近 $m(t)$ 的积分, 而下标 "PSiD" 代表扰动强度无关 (perturbation-strength independent).

为了叙述方便, 我们讨论一维情况. 利用附录 C 中的稳相近似公式 (C.4), 可以求得式 (G.11) 右侧的稳相点 a 附近的贡献为

$$F_a(t) = \frac{\sqrt{2\mathrm{i}\hbar}}{\hbar/\xi}\frac{\exp\left[\mathrm{i}\Delta S(p_{0a},\tilde{r}_0;t)/\hbar - (p_{0a}-\tilde{p}_0)^2/(\hbar/\xi)^2\right]}{\sqrt{|\Delta S_a''|}} \tag{G.20}$$

其中

$$\Delta S_a'' = \left.\frac{\partial^2 \Delta S(p_0,\tilde{r}_0;t)}{\partial p_0^2}\right|_{p_0=p_{0a}} \tag{G.21}$$

在混沌系统中，稳相点 a 与初值 $\tilde{r}_0$ 所对应的作用量差值 $(\Delta S(p_{0a},\tilde{r}_0;t)/\hbar)$ 之间的相关性很小，这意味着式 (G.20) 右侧的相位在一定程度上是随机的.

LE 随 $\tilde{r}_0$ 和 $\tilde{p}_0$ 的变化呈现剧烈涨落，为了得到较为平滑的结果，我们对上述两个量做平均，并且记平均结果为 $\overline{M_{\mathrm{PSiD}}(t)}$. 由于上面谈到的随机相位，$\overline{M_{\mathrm{PSiD}}(t)}$ 主要由式 (G.19) 的对角部分给出，[49] 即

$$\overline{M_{\mathrm{PSiD}}(t)} \simeq \overline{\sum_a |F_a(t)|^2} \propto \int \mathrm{d}\tilde{r}_0 \mathrm{d}\tilde{p}_0 \sum_a |F_a(t)|^2 \tag{G.22}$$

上述积分项对 $\tilde{p}_0$ 的依赖是高斯型的，可以积分掉，结果为

$$\overline{M_{\mathrm{PSiD}}(t)} \propto \int \mathrm{d}\tilde{r}_0 \sum_a \frac{1}{|\Delta S_a''|} \tag{G.23}$$

在 p_0 轴的整个取值范围内，将每个稳相点附近的一个宽度为 2δ 的小区域挖出来，其中 δ 是一个很小的量. 记剩下的区域为 $\mathcal{P}_\delta$，则

$$\mathcal{P}_\delta = \bigcup_a \mathcal{A}_a \tag{G.24}$$

其中，$\mathcal{A}_a$ 代表如下区域：

$$\mathcal{A}_a = [p_{0a}^-, p_{0a} - \delta] \bigcup [p_{0a} + \delta, p_{0a}^+] \tag{G.25}$$

这里，p_{0a}^- 代表稳相点 a 与 $(a-1)$ 之间的中点，而 p_{0a}^+ 是 a 与 $(a+1)$ 之间的中点，即

$$p_{0a}^- = \frac{1}{2}(p_{0a} + p_{0,a-1}), \quad p_{0a}^+ = \frac{1}{2}(p_{0a} + p_{0,a+1}) \tag{G.26}$$

在稳相点 a 附近，近似地有

$$\Delta S_a' \simeq (p_0 - p_{0a})\Delta S_a'' \tag{G.27}$$

利用上述性质容易验证

$$\int_{\mathcal{A}_a} \mathrm{d}p_0 \frac{1}{|\Delta S_a'|} \simeq -\frac{2\ln\delta}{|\Delta S_a''|} \tag{G.28}$$

由此可以得到 $|\Delta S_a''|$ 的一个积分表示式，将该表示式代入式 (G.23)，我们得到

$$\overline{M_{\mathrm{PSiD}}(t)} \propto \int \mathrm{d}\tilde{r}_0 \int_{\mathcal{P}_\delta} \mathrm{d}p_0 \frac{1}{|\Delta S_a'|} \tag{G.29}$$

由于在稳相点附近 $\Delta S_a' \to 0$，式 (G.29) 右侧的取值仍然主要来自稳相点附近的区域. 在这些区域内，式 (G.27) 仍然成立，再利用式 (G.9)，我们得到

$$\Delta S_a' \simeq \epsilon \int_0^t \mathrm{d}t' \left[\frac{\partial^2 V}{\partial r'^2}\left(\frac{\partial r'}{\partial p_0}\right)^2 + \frac{\partial V}{\partial r'}\frac{\partial^2 r'}{\partial p_0^2}\right](p_0 - p_{0\alpha}) \tag{G.30}$$

我们假设上式中的主要特征性贡献来自 $(\partial r'/\partial p_0)^2$ 项. 平均来说, 该项按照 $[\delta x(t)/\delta x(0)]^2$ 的方式增长, 其中 $\delta x(0)$ 代表相空间中两条接近的轨道在初始时刻的距离, 而 $\delta x(t)$ 代表在 t 时刻的距离. 由于混沌系统的相空间中的轨道随时间呈指数式分离, 式 (G.30) 中积分的贡献主要来自 $t' \approx t$ 时刻. 因此, 对于稳相点 a, 有

$$\frac{1}{|\Delta S'_a|} \propto [\delta x(0)/\delta x(t)]^2 \tag{G.31}$$

我们注意到, 随着时间的增加, ΔS 函数上稳相点的数量也是指数式地、按 $\delta x(t)/\delta x(0)$ 的方式增长. 将上述分析应用于式 (G.29), 得到 [37, 43]

$$\overline{M_{\mathrm{PSiD}}(t)} \propto \overline{\left(\frac{\delta x(0)}{\delta x(t)}\right)} \equiv \exp[-\Lambda_1(t)t] \tag{G.32}$$

其中

$$\Lambda_1(t) = -\frac{1}{t} \lim_{\delta x(0)\to 0} \ln \overline{\left|\frac{\delta x(t)}{\delta x(0)}\right|^{-1}} \tag{G.33}$$

注意, 由于势能的局部变化, $\Lambda_1(t)$ 通常不等于经典对应系统的李雅普诺夫指数 λ_{L}. 这里, λ_{L} 的定义为

$$\lambda_{\mathrm{L}} = \lim_{t\to\infty} \frac{1}{t} \lim_{\delta x(0)\to 0} \ln \left|\frac{\delta x(t)}{\delta x(0)}\right| \tag{G.34}$$

一般而言, 只有在拥有各向同性相空间的系统中, $\Lambda_1(t)$ 与 λ_{L} 才相等, 此时 LE 呈现李雅普诺夫衰减

$$\overline{M_{\mathrm{PSiD}}(t)} \sim \mathrm{e}^{-\lambda_{\mathrm{L}} t} \tag{G.35}$$

3. $\mathcal{S}_{\mathrm{C2\text{-}1}}$ 与 $\mathcal{S}_{\mathrm{C2\text{-}2}}$ 的和贡献

为了叙述方便, 我们讨论拥有各向同性相空间的系统. 从前面的结果, 我们得到

$$M(t) \simeq c_1 \mathrm{e}^{-2\sigma^2 K(E)t} + c_2 \mathrm{e}^{-\lambda_{\mathrm{L}} t} \tag{G.36}$$

其中 c_1 与 c_2 是适当的参数. 当扰动较弱时, 上述表达式的第一部分衰减得较慢, 而第二部分衰减得较快, 从而系统呈现 FGR 式的衰减, $M(t) \simeq \mathrm{e}^{-2\sigma^2 K(E)t}$. 相反, 当扰动较强时, 第一部分很快衰减掉, 系统主要呈现第二部分的李雅普诺夫衰减, 即 $M_{\mathrm{PSiD}}(t) \simeq \mathrm{e}^{-\lambda_{\mathrm{L}} t}$. 注意, 对于十分强的扰动, 前述半经典处理将失效, 尤其是这时需要考虑 $\alpha \neq \alpha'$ 的轨道对. [51]

4. $\mathcal{S}_{\text{C1-2}}$ 轨道的贡献——LE 的饱和值

最后, 我们简单讨论一下 $\mathcal{S}_{\text{C1-2}}$ 集合所含的轨道. 这些轨道的数量在轨道总数中只占一个很小的比例, 因此, 在 LE 衰减的大多数阶段, 其贡献小到可以忽略. 不过, 随着时间的推移 (t 足够大时), 在 $\mathcal{S}_{\text{C2-1}}$ 与 $\mathcal{S}_{\text{C2-2}}$ 的贡献衰减到足够小之后, $\mathcal{S}_{\text{C1-2}}$ 的贡献有可能会占主导地位. 事实上, 在 $\mathcal{S}_{\text{C1-2}}$ 中那些具有类似周期行为的轨道之间, 有可能存在很好的相干性, 使得其贡献并不明显衰减. 这些贡献很有可能与 LE 的饱和值——LE 在长时间之后围绕其涨落的值——相关.① 对于上述观点, 我们还有一个旁证, 即 LE 长时间的平均值应该由其初态在能量本征态上的权重决定, 而能量本征值由周期轨道决定.

G.4 量子可积系统中 LE 的衰减行为

现在, 我们讨论量子可积系统、也称量子规则系统中 LE 的衰减行为. 前面我们提过, 量子可积系统 LE 的行为比量子混沌系统的还要复杂. 一个任意维数的经典可积系统的轨道都是周期或者准周期的, 记其所有轨道的共有近似周期为 τ_{period}. 如果 LE 在 $t \gg \tau_{\text{period}}$ 的时间之后才会出现明显衰减, 则在我们感兴趣的时间范围内, 轨道是近似周期的. 这一般要求自由度数不大.

下面我们讨论自由度数很小的可积系统, 其特点是经典对应系统的轨道基本都是周期性的, 或者是可以近似按照周期轨道来处理的准周期轨道. 虽然纯粹的量子可积系统在物理世界中很少见, 但是我们的处理方法同样适用于在物理世界里较为多见的、混合型系统的规则区域. (混合型系统的相空间结构特征是同时存在大的规则岛和混沌海.) 具体而言, 我们将以其经典对应系统为一维规则系统的量子系统为例, 来讨论 LE 的衰减行为.(本节的内容主要引自文献 [45].) 显然, 一维系统属于上述 C1-1 类, 其轨道都是周期的, 而我们的推导将建立在经典轨道的周期性特征之上.

研究规则系统, 最为方便的坐标系是作用量-角变量坐标, 通常记为 (I,θ). (在扰动之下, 虽然 (I,θ) 不再是严格的作用量-角变量, 但是它们仍然是正则变量.) 于是, 我们将式 (G.12) 中的积分项重写如下:

$$V[r(t),p(t)] \equiv V[I(t),\theta(t)] \tag{G.37}$$

其中, $\theta(t)=\theta_0+\nu t$, 而 $\nu \equiv \partial H(I)/\partial I$. 由于 $I(t)\simeq I_0$, $V(t)$ 随时间的变化主要来自 θ 的变化. 将式 (G.37) 代入式 (G.12), 并且考虑到角变量 θ 的周期性, 可以将 ΔS 随时间

① 对于量子混沌系统, LE 饱和值的下限的量级为 $\sqrt{N_{\mathscr{H}}^{\text{eff}}}$, 其中, $N_{\mathscr{H}}^{\text{eff}}$ 是有效希尔伯特空间的维数.

的变化写为两部分, 一个是线性增长部分, 另一个是振荡部分

$$\Delta S[r(t),p(t)] \simeq \epsilon(U_I t + S_f) \tag{G.38}$$

其中, U_I 是线性增长部分的速率, 即

$$U_I \equiv \frac{1}{2\pi}\int_0^{2\pi} V(I,\theta)\mathrm{d}\theta \tag{G.39}$$

而 S_f 是振荡部分, 即

$$S_f \equiv \frac{1}{\nu}\left[\int_0^b V(I,\theta_0+\phi)\mathrm{d}\phi - bU_I\right] \tag{G.40}$$

其中, $\phi = \nu t$, $b \equiv \nu t - 2\pi n_t$, 而 n_t 是角变量变化值与 2π 之比 [即 $\nu t/(2\pi)$] 的整数部分.

在一个固定的时间 t, U_I 以及 S_f 中的 $I(t)$、 $\theta(t)$ 都是 p_0 的函数. 在初始高斯波包的中心动量 $\tilde{p}_0$ 附近, U_I 随 p_0 线性增长, 其增长的斜率是 $U_I' \equiv \partial U_I/\partial p_0$. 于是, ΔS 随着 p_0 的变化也分为线性增长部分和振荡部分, 且其线性增长部分的速率为 $\epsilon U_I' t$. 同时, 角度 $\phi = \nu t$ 随着 p_0 的增加会按照周期 2π 来振荡, 振荡的频率为 $\tilde{\nu}' t/(2\pi)$, 其中 $\nu' = \partial\nu/\partial p_0$.

从 $M(t)$ 的半经典表示式 (G.11) 可以看出, 对 p_0 的有效积分来自于一个以 $\tilde{p}_0$ 为中心的、宽度为 $\hbar/\xi$ 的区域. 在该区域内计算一维量子规则系统中 $M(t)$ 的演化行为, 最为直接的方法是将 ΔS 相对于 $(p_0 - \tilde{p}_0)$ 进行泰勒展开. 在短时间内, 忽略 ΔS 的二阶及以上项, 可以得到 LE 的短时高斯衰减, 即

$$M_{\mathrm{L}}(t) \simeq \exp\left[-\frac{1}{2}\left(\frac{\sigma\hbar}{\xi}(U_I' + U_\theta)\right)^2 t^2\right] \tag{G.41}$$

其中 $\sigma = \epsilon/\hbar$, $U_\theta = \dfrac{1}{t}\partial S_f/(\partial p_0)$. (文献 [34] 中已经指出这一短时衰减, 而文献 [41] 从另一个角度论证该衰减有可能延续较长一段时间.) 但是, 要了解 LE 在较长时间内的变化, 就必须考虑高阶项的贡献. 为此, 可以采取下述技巧: 将区域 $(\tilde{p}_0 - \hbar/\xi, \tilde{p}_0 + \hbar/\xi)$ 分成很多个由点 p_{0j} 所隔开的小区域, 使得在每个小区域中 ϕ 变化 2π 从而导致 S_f 完成一次振荡. 由 S_f 对 p_0 参数的振荡频率, 我们知道 $(p_{0j+1} - p_{0j}) \simeq [\nu' t/(2\pi)]^{-1}$. 可见, 随着时间 t 的增加, p_{0j+1} 与 p_{0j} 的间隔越来越小, 从而分割的小区域越来越多. 我们用 $m_j(t)$ 记这些小区域对 LE 幅的贡献. 这些贡献之和的模方给出 $M(t)$, 即

$$M(t) = \left|\sum_j m_j(t)\right|^2 \tag{G.42}$$

当上述有效积分区域内的小区域非常多时, 式 (G.11) 右侧被积函数中的高斯部分, 在每个小区域内可以被视为常数. 这样, 我们有

$$m_j(t) \simeq \frac{\mathrm{e}^{-(p_{0j}-\tilde{p}_0)^2/(\hbar/\xi)^2}}{\sqrt{\pi}(\hbar/\xi)\nu_j' t}\mathrm{e}^{\mathrm{i}\Delta S_j/\hbar}F(t) \tag{G.43}$$

其中

$$F(t)=\int_0^{2\pi}\mathrm{d}\phi\exp\left\{\frac{\mathrm{i}\sigma}{\tilde{\nu}}\int_{\tilde{\theta}(t)}^{\tilde{\theta}(t)+\phi}V(\tilde{I},\theta')\mathrm{d}\theta'\right\} \tag{G.44}$$

我们注意到 $|F(t)|$ 并不随时间衰减, 因此, 在讨论 LE 的衰减行为时, $F(t)$ 的行为并不重要. 由于式 (G.43) 中的高斯项, 对 j 求和中的主要贡献来自于 $\tilde{p}_0$ 附近的那些 p_{0j}. 对于这些 p_{0j}, ν_j' 与 S_f 都近似为常数, 于是在上述表达式中, ΔS_j 可以近似为 $\epsilon U_{Ij}t$. 当小区域的宽度足够窄且数量足够大时, 对 j 的求和可以近似为对 p_0 的积分. 记 $q=p_0-\tilde{p}_0$, 可以将 $m(t)$ 写为

$$m(t)\simeq\frac{F(t)}{2\pi\sqrt{\pi}(\hbar/\xi)}\int_{-\infty}^{\infty}\mathrm{d}q\mathrm{e}^{-q^2/(\hbar/\xi)^2}\mathrm{e}^{\mathrm{i}\sigma tU_I} \tag{G.45}$$

将 U_I 展开到二阶项, 进行一系列计算, 最后得到

$$M(t)\simeq\frac{2c}{\sqrt{4+[(\hbar/\xi)^2\sigma\tilde{U}_I''t]^2}}\exp\left[\frac{-2[(\hbar/\xi)\sigma\tilde{U}_I't]^2}{4+[(\hbar/\xi)^2\sigma\tilde{U}_I''t]^2}\right] \tag{G.46}$$

其中, $U''\equiv\partial U'/\partial p_0$, $c(c\approx 1)$ 是一个常数. 当系统演化时间比较短时, 比如 $[(\hbar/\xi)^2\sigma\tilde{U}_I''t]^2\ll 4$, LE 呈现高斯式衰减; 而当系统的演化时间比较长时, 比如 $[(\hbar/\xi)^2\sigma\tilde{U}_I''t]^2\gg 4$, LE 呈现幂次式衰减. (文献 [44] 论证 LE 在做一定平均之后会有幂次衰减.) 这些不同形式的衰减共同给出了一维量子规则系统中 LE 的衰减行为.

最后, 我们简单讨论一下自由度数很高的可积系统, 尤其是其 LE 前期衰减的典型行为. 为此我们注意到, 虽然经典多维规则系统做准周期运动, 但是当时间不是很长时, 在各个周期之间不可公度的情况下, 其轨道呈现一定的复杂运动特征, 有些像混沌系统运动. 这意味着, 高维可积系统中 LE 的前期衰减会呈现类似于式 (G.18) 中所预言的 FGR 衰减. (文献 [46] 指出了这一点, 并且用它解释了在量子相变点附近所观察到的 LE 的一类衰减行为.)

附录 H　弱扰动下 LE 的衰减

我们简单讨论一下量子混沌系统在弱扰动下 LE 的高斯衰减行为, 以及该衰减行为与中等强度下的 FGR 衰减行为之间的大体边界.

前面我们提过, 即使在弱扰动下, 当时间不长时, 半经典理论应该仍然适用. 此时, 半经典理论预言了 LE 的 FGR 衰减.[37] 由于扰动较弱, 通常即使延伸到海森伯时间 τ_{H}, 也没有很明显的衰减. 然而, 在 τ_{H} 之后, $P(\Delta S)$ 分布有可能明显地偏离高斯分布,

没有理由认为 LE 会延续 FGR 衰减. 相反地, LE 可能会遵守不同的衰减模式. 我们发现, 利用半经典理论处理 $t > \tau_{\mathrm{H}}$ 之后 LE 的衰减行为, 其难度很大.

幸运的是, 弱扰动下可以使用扰动论. 不过, 单单利用扰动论还不够, 还要用到混沌系统的特殊性. 具体而言, 结合一阶微扰论与随机矩阵理论, 对于量子化的映射系统, 人们发现 LE 的下述高斯衰减行为：[36]

$$M_{\mathrm{L}}(t) \simeq \exp\left(-\sigma_v^2 \sigma^2 t^2\right) \tag{H.1}$$

其中 σ_v 是扰动项 V 在 H_0 基上的对角元的方差, 而 $\sigma = \epsilon/\hbar$. 半经典理论对 σ_v^2 有下列解释：

$$\sigma_v^2 = \frac{2gK(E)}{\pi\hbar\bar{\rho}\beta} \tag{H.2}$$

其中, $2g/\beta$ 是拥有相同作用量的经典轨道的数量, $\bar{\rho}$ 是平均态密度, 参量 $K(E)$ 由式 (G.17) 给出. 对于可逆系统, 参数 $\beta = 1$；对于不可逆系统, $\beta = 2$.

前面的讨论告诉我们, LE 在弱扰动下以高斯衰减为主, 而在中等强度扰动下呈现指数衰减. 这两种衰减行为之间并不是简单的过渡, 换句话说, 该过渡既与时间尺度有关, 又与扰动强度有关. 当主要对扰动强度感兴趣时, 我们记过渡区的扰动参数值为 ϵ_p. 依赖于所研究的问题与目的, 对 ϵ_{p} 的估计可以使用不同的方法, 下面我们讨论两个.

其一, 在模型计算中, LE 可能在海森伯时间内即已呈现明显衰减. 即在海森伯时间内, 式 (G.18) 预言了明显衰减. 这给出 ϵ_{p} 的下述量级估计：

$$\epsilon_{\mathrm{p}}^2 \sim \frac{\hbar^2}{K(E)\tau_{\mathrm{H}}} \tag{H.3}$$

其二, ϵ_{p} 的另一个估计方法, 是考虑高斯衰减与 FGR 衰减相交于 $M(t) \sim \mathrm{e}^{-1}$ 处.[36] 为此, 使用下述随机矩阵理论对 FGR 衰减的预言更为方便：[39]

$$M_{\mathrm{L}}(t) \simeq \mathrm{e}^{-\Gamma t/\hbar}, \quad \Gamma = 2\pi\epsilon^2\overline{V_{\mathrm{nd}}^2}/\Delta \tag{H.4}$$

其中, $\overline{V_{\mathrm{nd}}^2}$ 是 $|\langle n|V|n'\rangle|^2 (n \neq n')$ 的平均值. 这里, $|n\rangle$ 是 H_0 的本征态, Δ 是平均能级间距. 结合式 (H.1), 容易发现 ϵ_{p} 可以由下式做量级估计：

$$2\pi\epsilon_{\mathrm{p}}\overline{V_{\mathrm{nd}}^2} \sim \sigma_v \Delta \tag{H.5}$$

附录 I　第5.5.1小节模型的详细讨论

本附录给出关于第5.5.1小节内容更为完整的讨论. 在叙述上会有一些重复的地方.

我们用 A 代表子系统 S, 而 B 代表环境 $\mathcal{E}$, 因此, 所考虑的总系统包括一个自旋 A 与合称 B 的 N 个自旋. 哈密顿量为

$$H = H_{AB}^{I} = H_{A}^{I} \otimes H_{B}^{I} \tag{I.1}$$

其中

$$H_{A}^{I} = |\Uparrow\rangle\langle\Uparrow| - |\Downarrow\rangle\langle\Downarrow| \tag{I.2}$$

$$H_{B}^{I} = \sum_{k=1}^{N} g_k (|\uparrow_k\rangle\langle\uparrow_k| - |\downarrow_k\rangle\langle\downarrow_k|) \bigotimes_{l\neq k} I_l \tag{I.3}$$

我们假设 $g_k \neq 0$, 否则相应自旋与其他自旋没有任何互作用, 可以忽略. 该模型有如下性质: (1) 自旋 A 与环境的哈密顿量都为零; (2) 自旋 A 与环境 B 中的每一个自旋互作用; (3) 互作用并不改变自旋方向.

考虑初态

$$|\Psi(0)\rangle = (a|\Uparrow\rangle + b|\Downarrow\rangle) \bigotimes_{k=1}^{N} (\alpha_k|\uparrow\rangle + \beta_k|\downarrow\rangle) \tag{I.4}$$

它满足归一化的初条件

$$|a|^2 + |b|^2 = 1, \quad |\alpha_k|^2 + |\beta_k|^2 = 1 \tag{I.5}$$

此初态下, 自旋 A 的两个分量 $|\Uparrow\rangle$ 与 $|\Downarrow\rangle$ 之间有相干性, 可以利用 Stern-Gerlach 实验观测.

取 $\hbar = 1$, 薛定谔演化给出

$$|\Psi(t)\rangle = \mathrm{e}^{-\mathrm{i}Ht}|\Psi(0)\rangle \tag{I.6}$$

为计算该演化, 我们注意到

$$\mathrm{e}^{-\mathrm{i}H_A^I \otimes H_B^I t}(a|\Uparrow\rangle + b|\Downarrow\rangle) = a|\Uparrow\rangle \mathrm{e}^{-\mathrm{i}H_B^I t} + b|\Downarrow\rangle \mathrm{e}^{\mathrm{i}H_B^I t} \tag{I.7}$$

这给出

$$|\Psi(t)\rangle = a|\Uparrow\rangle|E_\uparrow(t)\rangle + b|\Downarrow\rangle|E_\downarrow(t)\rangle \tag{I.8}$$

其中

$$|E_\uparrow(t)\rangle = \mathrm{e}^{-\mathrm{i}H_B^I t}\bigotimes_{k=1}^{N}(\alpha_k|\uparrow\rangle + \beta_k|\downarrow\rangle) = \bigotimes_{k=1}^{N}(\alpha_k\mathrm{e}^{-\mathrm{i}g_k t}|\uparrow\rangle + \beta_k\mathrm{e}^{\mathrm{i}g_k t}|\downarrow\rangle) \tag{I.9}$$

$$|E_\downarrow(t)\rangle = \bigotimes_{k=1}^{N}(\alpha_k\mathrm{e}^{\mathrm{i}g_k t}|\uparrow\rangle + \beta_k\mathrm{e}^{-\mathrm{i}g_k t}|\downarrow\rangle) = |E_\uparrow(-t)\rangle \tag{I.10}$$

容易看出 $\langle E_\uparrow(t)|E_\uparrow(t)\rangle = \langle E_\downarrow(t)|E_\downarrow(t)\rangle = 1$.

我们来计算约化密度矩阵, $\rho^{\mathrm{re}} = \mathrm{tr}_B|\Psi(t)\rangle\langle\Psi(t)|$, 得到

$$\rho^{\mathrm{re}} = aa^*|\Uparrow\rangle\langle\Uparrow| + bb^*|\Downarrow\rangle\langle\Downarrow| + ab^*z^*(t)|\Uparrow\rangle\langle\Downarrow| + a^*bz(t)|\Downarrow\rangle\langle\Uparrow| \tag{I.11}$$

其中, $z(t) = \langle E_\uparrow|E_\downarrow\rangle$. 简单推导给出

$$z(t) = \prod_{k=1}^{N} F_k(t) \tag{I.12}$$

其中

$$F_k(t) = |\alpha_k|^2\mathrm{e}^{2\mathrm{i}g_k t} + |\beta_k|^2\mathrm{e}^{-2\mathrm{i}g_k t} \tag{I.13}$$

由归一化条件 (I.5) 可以看出 $F_k(t)\leqslant 1$.

下面, 我们分几种情况来讨论 $z(t)$ 的性质.

首先, 我们讨论 N 固定但很大的情况. 一般而言, 可做如下处理, 即对式 (I.12) 的右侧做展开, 其方法与二项式展开类似, 但复杂得多. 可以假设 g_k、α_k 以及 β_k 的分布满足一定的性质, 比如由一定的光滑函数来表示, 然后, 将对 k 的求和近似为积分. 可以证明, 在时间不是很长时, $z(t)$ 呈高斯衰减, $z(t) \propto \mathrm{e}^{\mathrm{i}At}\mathrm{e}^{-B^2t^2 2/2}$. [62, 64]

这里我们给出更为直接的处理, 其适用时间可能要短一些, 但是就我们的目的而言足够了. $z(t)$ 的短时间行为如下:

$$\begin{aligned}
|z(t)|^2 &= \prod_{k=1}^{N}\left||\alpha_k|^2\mathrm{e}^{2\mathrm{i}g_k t} + |\beta_k|^2\mathrm{e}^{-2\mathrm{i}g_k t}\right|^2 \\
&= \prod_{k=1}^{N}\left||\alpha_k|^2 + |\beta_k|^2\cos(4g_k t) - \mathrm{i}|\beta_k|^2\sin(4g_k t)\right|^2 \\
&= \prod_{k=1}^{N}\left|1 - |\beta_k|^2(1-\cos(4g_k t)) - \mathrm{i}|\beta_k|^2\sin(4g_k t)\right|^2
\end{aligned}$$

$$
\begin{aligned}
&= \prod_{k=1}^{N} 1-2|\beta_k|^2(1-\cos(4g_kt))+|\beta_k|^4(1-\cos(4g_kt))^2+|\beta_k|^4\sin^2(4g_kt)\\
&= \prod_{k=1}^{N} 1+2|\beta_k|^4-2|\beta_k|^2+2|\beta_k|^2\cos(4g_kt)-2|\beta_k|^4\cos(4g_kt)\\
&= \prod_{k=1}^{N} 1-2(|\beta_k|^2-|\beta_k|^4)+2\cos(4g_kt)(|\beta_k|^2-|\beta_k|^4)\\
&= \prod_{k=1}^{N} 1-2(|\beta_k|^2-|\beta_k|^4)(1-\cos(4g_kt)) \simeq \prod_{k=1}^{N} 1-16g_k^2(|\beta_k|^2-|\beta_k|^4)t^2\\
&= \prod_{k=1}^{N}(1-L_kt^2)
\end{aligned}
$$

其中, $L_k=16g_k^2(|\beta_k|^2-|\beta_k|^4)=16g_k^2|\beta_k|^2|\alpha_k|^2$. 我们讨论一个特殊情况, $\alpha_k=\alpha,\beta_k=\beta,g_k=g$, 都不依赖于 k. 此时, $L=16g^2(|\beta|^2-|\beta|^4)$, 而

$$
|z(t)|^2 \simeq (1-Lt^2)^N \simeq \mathrm{e}^{-LNt^2}=\mathrm{e}^{-\lambda t^2}
$$

衰减率为 $\lambda=LN$, 在大 N 极限下, 只要 $\beta\neq 0$ 或 1, $\lambda\to\infty$.

当 $\lambda t^2\gg 1$ 时, $|z(t)|\simeq 0$, 约化密度矩阵在基矢 $\{|\Uparrow\rangle,|\Downarrow\rangle\}$ 上有如下对角形式:

$$
\rho^{\mathrm{re}}(t)=aa^*|\Uparrow\rangle\langle\Uparrow|+bb^*|\Downarrow\rangle\langle\Downarrow| \tag{I.14}
$$

这一性质基本不依赖于初态中参数的取值, 因此具有一定的初态无关性. 也就是说, 基本上不论 a,b,α_k 与 β_k 取何值, $\rho^{\mathrm{re}}(t)$ 都会在这一基矢上趋于对角形式. 前面讨论过, 这一对角形式意味着其 $|\Uparrow\rangle$ 分量与 $|\Downarrow\rangle$ 分量之间的相干性已消失. 需要注意的是, 在初态中这两个分量之间是有相干性的. 因此, 人们称在这一演化过程中发生了退相干. 常常将 $|z(t)|$ 衰减到其初值的 $1/\mathrm{e}$ 的时间称为退相干时间, 记为 τ_{d}. 这里有

$$
\tau_{\mathrm{d}}=\sqrt{2/LN}=\frac{1}{2g|\beta\alpha|\sqrt{2N}} \tag{I.15}
$$

基矢 $\{|\Uparrow\rangle,|\Downarrow\rangle\}$ 在此很重要, 称为特选基 (preferred basis), 或特选指针基 (preferred pointer basis).

其次, 是 $N\to\infty$ 极限. 若在此极限下有无穷多个 $|F_k|<1$, 则

$$
\lim_{N\to\infty} z(t)=0 \tag{I.16}
$$

因此, 在无穷大环境的极限下, 只要 $t\neq 0$, $z(t)$ 基本都为 0. $|F_k|=1$ 的要求等价于

$$
\mathrm{e}^{2\mathrm{i}g_kt}=\mathrm{e}^{-2\mathrm{i}g_kt}=\mathrm{e}^{\mathrm{i}\theta_k} \tag{I.17}
$$

即 $2g_k t = \theta_k + 2n_k\pi$, $-2g_k t = \theta_k + 2m_k\pi$, 其中, m_k 与 n_k 为整数, 这意味着

$$t = \frac{(n_k - m_k)\pi}{2g_k} \tag{I.18}$$

注意, 方程 (I.18) 给出 $\theta_k = -(n_k + m_k)\pi$. 可见, 若在某一时刻 t 不满足方程 (I.18) 的自旋 S_k 的数量是有限的, 则此时 $z(t)$ 不为零. 因此, $z(t)$ 随时间的变化方式为: $t = 0$ 时, $z(0) = 1$; 除了上述特殊时刻, $z(t)$ 基本上都为零.

附录 J　弱耗散互作用下退相干的详细讨论

本附录给出弱耗散互作用下退相干的详细讨论. 其内容来自文献 [74], 所使用的记号法与正文中略有差别, 不过对应关系比较明显, 不会对阅读带来实质的问题.（文献 [74] 中还包含数值验证. ）

J.1　一般性讨论

考虑一个具有离散能谱的量子系统 S, 它被耦合到另一个作为环境的量子系统 $\mathcal{E}$. 我们讨论耦合强度较弱的情况. 总哈密顿量写为

$$H = H_S + \epsilon H_I + H_{\mathcal{E}} \tag{J.1}$$

其中, H_S 和 $H_{\mathcal{E}}$ 分别是系统 S 和 $\mathcal{E}$ 的自身哈密顿量, 而 $\epsilon H_I(\epsilon \ll 1)$ 是弱互作用哈密顿量. 整个系统的时间演化是薛定谔演化, 由

$$|\Psi_{S\mathcal{E}}(t)\rangle = \mathrm{e}^{-\mathrm{i}Ht/\hbar}|\Psi_{S\mathcal{E}}(0)\rangle \tag{J.2}$$

给出. 将初始状态设置为直积态, $|\Psi_{S\mathcal{E}}(0)\rangle = |\psi_S(0)\rangle|\phi_{\mathcal{E}}(0)\rangle$. 系统 S 的约化密度矩阵由整个系统的密度矩阵 $\rho(t)$ 给出, 即通过对环境自由度求迹而得到, 其矩阵元为 $\rho^{\mathrm{re}}_{\alpha\beta} = \langle\alpha|\rho^{\mathrm{re}}(t)|\beta\rangle = \langle\alpha|\mathrm{tr}_{\mathcal{E}}\rho(t)|\beta\rangle$.

首先考虑系统初态为 $|\psi_S(0)\rangle = |\alpha\rangle$ 的情况, 其中 $|\alpha\rangle$ 表示 H_S 的能量本征态, 其本征能量为 E_α. 我们定义投影算符 $\mathscr{P}_\alpha \equiv |\alpha\rangle\langle\alpha| \otimes 1_{\mathcal{E}}$ 与 $\mathscr{P}_{\overline{\alpha}} \equiv \sum_{\beta\neq\alpha}|\beta\rangle\langle\beta| \otimes 1_{\mathcal{E}}$, 其中, $1_{\mathcal{E}}$ 是环境自由度的恒等算符. 相应地, 整个希尔伯特空间可以被分解为两个正交子空

间. 这给出

$$|\Psi_{S\mathcal{E}}(t)\rangle = \mathrm{e}^{-\mathrm{i}E_\alpha t/\hbar}|\alpha\rangle|\phi_\alpha^{\mathcal{E}}(t)\rangle + \epsilon|\chi_{\overline{\alpha}}(t)\rangle \tag{J.3}$$

其中, $\epsilon|\chi_{\overline{\alpha}}(t)\rangle \equiv \mathscr{P}_{\overline{\alpha}}|\Psi_{S\mathcal{E}}(t)\rangle$. 我们引入小参数 ϵ, 是为了表明以下事实：在弱耦合情况下, 式（J.3）右侧的第二项在一定的初始时间间隔内保持较小（具体讨论见下文）. 容易看出, 在 ϵ 的一阶范围内, 方程（J.3）中的 $|\Psi_{S\mathcal{E}}(t)\rangle$ 是归一化的.

通过简单的推导我们发现, 方程 (J.3) 中两项的演化由下述耦合方程给出：

$$\begin{aligned}
\mathrm{i}\hbar\frac{\mathrm{d}}{\mathrm{d}t}|\phi_\alpha^{\mathcal{E}}(t)\rangle &= H_{\mathcal{E}\alpha}^{\mathrm{eff}}|\phi_\alpha^{\mathcal{E}}(t)\rangle + \epsilon^2\mathrm{e}^{\mathrm{i}E_\alpha t/\hbar}\langle\alpha|H_I|\chi_{\overline{\alpha}}(t)\rangle \\
\mathrm{i}\hbar\frac{\mathrm{d}}{\mathrm{d}t}|\eta_{\overline{\alpha}}(t)\rangle &= \exp\left[-\frac{\mathrm{i}}{\hbar}(E_\alpha - H_{\overline{\alpha}})t\right]\mathscr{P}_{\overline{\alpha}}H_I|\alpha\rangle|\phi_\alpha^{\mathcal{E}}(t)\rangle
\end{aligned}$$

其中

$$H_{\mathcal{E}\alpha}^{\mathrm{eff}} \equiv \epsilon H_{I\alpha} + H_{\mathcal{E}} \tag{J.4}$$

$$H_{I\alpha} \equiv \langle\alpha|H_I|\alpha\rangle \tag{J.5}$$

$$H_{\overline{\alpha}} \equiv \mathscr{P}_{\overline{\alpha}}H\mathscr{P}_{\overline{\alpha}} \tag{J.6}$$

$$|\eta_{\overline{\alpha}}(t)\rangle \equiv \exp(\mathrm{i}H_{\overline{\alpha}}t/\hbar)|\chi_{\overline{\alpha}}(t)\rangle \tag{J.7}$$

从方程（J.3）可以明显看出, 在时间演化下从子空间 $\mathscr{P}_\alpha$ 渗入子空间 $\mathscr{P}_{\overline{\alpha}}$ 的概率由 $\epsilon^2\langle\chi_{\overline{\alpha}}|\chi_{\overline{\alpha}}\rangle$ 所给出. 在弱耦合情况下, 该渗漏最初非常小. 更准确地说, 在远小于系统弛豫时间 τ_{E} 的时间范围内, 有 $\epsilon^2\langle\chi_{\overline{\alpha}}|\chi_{\overline{\alpha}}\rangle \ll 1$. 此时, 方程（J.3）中的第二项可以被安全地忽略. 于是, 环境的状态演化近似为 $|\phi_\alpha^{\mathcal{E}}(t)\rangle \approx \mathrm{e}^{-\mathrm{i}tH_{\mathcal{E}\alpha}^{\mathrm{eff}}/\hbar}|\phi_{\mathcal{E}}(0)\rangle$, 即系统基本保持在本征态 $|\alpha\rangle$ 之中, 仅仅发生相位演化.

现在, 考虑以能量本征态的叠加作为初态的情况, $|\psi_S(0)\rangle = \sum\limits_\alpha C_\alpha|\alpha\rangle$. 与方程（J.3）类似, 我们发现

$$|\Psi_{S\mathcal{E}}(t)\rangle = \sum_\alpha \mathrm{e}^{-\mathrm{i}E_\alpha t/\hbar}C_\alpha|\alpha\rangle|\phi_\alpha^{\mathcal{E}}(t)\rangle + \epsilon|\chi(t)\rangle \tag{J.8}$$

其中, $|\chi(t)\rangle = \sum\limits_\alpha C_\alpha|\chi_{\overline{\alpha}}(t)\rangle$, 该项现在包含了不同能量本征态之间跃迁的贡献. 请注意, 即使 $\epsilon|\chi(t)\rangle$ 很小, 式（J.8）右侧的第一项也可能高度纠缠. 在 $t \ll \tau_{\mathrm{E}}$ 的时间范围内, 式（J.8）中 $\epsilon|\chi(t)\rangle$ 项仍然可以忽略. 通过对环境求迹, 可以得到系统约化密度矩阵的下述表示式：

$$\rho_{\alpha\beta}^{\mathrm{re}} = \langle\alpha|\mathrm{tr}_{\mathcal{E}}\rho(t)|\beta\rangle \simeq \mathrm{e}^{-\mathrm{i}(E_\alpha - E_\beta)t/\hbar}C_\alpha C_\beta^* f_{\beta\alpha}(t) \tag{J.9}$$

其中，$f_{\beta\alpha}(t)\equiv\langle\phi_\beta^{\mathcal{E}}(t)|\phi_\alpha^{\mathcal{E}}(t)\rangle$，它满足下式：

$$f_{\beta\alpha}(t)\approx\langle\phi_{\mathcal{E}}(0)|\mathrm{e}^{\mathrm{i}t\left(H_{\mathcal{E}\alpha}^{\mathrm{eff}}+\epsilon V\right)/\hbar}\mathrm{e}^{-\mathrm{i}tH_{\mathcal{E}\alpha}^{\mathrm{eff}}/\hbar}|\phi_{\mathcal{E}}(0)\rangle \tag{J.10}$$

$$V\equiv H_{I\beta}-H_{I\alpha}=\langle\beta|H_I|\beta\rangle-\langle\alpha|H_I|\alpha\rangle \tag{J.11}$$

值得注意的是，$f_{\beta\alpha}(t)$ 是环境与两个不同哈密顿量 $H_{\mathcal{E}\alpha}^{\mathrm{eff}}$ 和 $(H_{\mathcal{E}\alpha}^{\mathrm{eff}}+\epsilon V)$ 相关联的所谓“保真度幅”．对于并非常数的 V，此保真度幅通常随时间衰减，从而导致 $\rho_{\alpha\beta}^{\mathrm{re}}$ 衰减．这样，退相干就会发生．在式（J.11）中的 V 是常数的情况下，式（J.10）给出 $|f_{\beta\alpha}(t)|\approx1$，因此在一阶微扰下，不存在由环境引起的退相干．注意，在 H_I 与 H_S 互易的特殊情况下，方程（J.9）和（J.10）精确成立，此情况已经在文献 [71] 中考虑过．

从上面的讨论可以看出，对于一般的弱耦合，H_S 的能量本征态在某种意义上起着特殊的作用，即对能量本征态的叠加态（而不是单个本征态）而言，退相干过程与环境在扰动下的不稳定性（保真度衰减）有关．

J.2　一个量子混沌环境模型

现在，让我们转向对系统退相干时间的显式估计．为此，我们可以直接应用有关保真度衰减的结果．对于一般类型的系统-环境互作用以及广泛的环境类别，它允许我们对退相干时间给出估计．这与主方程方法的情况形成对比，虽然后者可以处理特殊类型的互作用与环境，[58] 但是对更一般情况的推广在数学上很困难．

我们假设环境可以由量子混沌系统来模拟．（下面使用的策略也可以应用于环境的经典对应系统具有规则或者混合型相空间结构的情况．）这种系统中的保真度的衰减行为，已经通过半经典方法以及随机矩阵理论研究过，两者给出了一致的结果．具体来说，对于随机选择的初始状态，当扰动强度低于某微扰边界 ϵ_{p} 时，保真度通常具有高斯衰减，而高于此边界时呈现指数衰减．[36] 对环境的哈密顿量 $H_{\mathcal{E}}$ 具体建模，可以考虑所谓的高斯正交系综（Gaussian orthogonal ensemble, GOE），它由维数为 n 的矩阵所组成，考虑系综中的一个典型矩阵．此种情况下，利用文献 [36] 的结果，可以对边界 ϵ_{p} 给出显式估计：

$$2\pi\epsilon_{\mathrm{p}}\overline{V_{\mathrm{nd}}^2}\sim\sigma_v\varDelta \tag{J.12}$$

其中，$\overline{V_{\mathrm{nd}}^2}$ 是 $|\langle n|V|n'\rangle|^2(n\neq n')$ 的平均值，而 V 由式（J.11）给出．这里，$|n\rangle$ 代表 $H_{\mathcal{E}\alpha}^{\mathrm{eff}}$ 的本征态，$\varDelta$ 是 $H_{\mathcal{E}\alpha}^{\mathrm{eff}}$ 的平均能级间距，而 σ_v^2 是 $\langle n|V|n\rangle$ 的方差．

在微扰边界以下，$\epsilon<\epsilon_{\mathrm{p}}$，保真度幅的衰减行为是 [36]

$$|f_{\beta\alpha}(t)|\simeq\mathrm{e}^{-\epsilon^2\sigma_v^2t^2/(2\hbar^2)} \tag{J.13}$$

它给出了约化密度矩阵的非对角元的衰减行为 [见式 (J.9)], 于是我们得到下述对退相干时间 $\tau_{\rm d}$ 的估计:

$$\tau_{\rm d} \simeq \sqrt{2}\hbar/(\epsilon\sigma_v) \propto \epsilon^{-1}, \quad \epsilon < \epsilon_{\rm p} \tag{J.14}$$

请注意, 上述关于 $\tau_{\rm d}$ 对 ϵ 的依赖关系的结果, 与文献 [58] 所推导出的相一致, 尽管我们并未假设绝热环境. 而在 $\epsilon > \epsilon_{\rm p}$ 情况下, $|f_{\beta\alpha}(t)|$ 具有指数衰减:

$$|f_{\beta\alpha}(t)| \sim e^{-\Gamma t/2\hbar}, \text{ 其中}\Gamma = 2\pi\epsilon^2\overline{V_{\rm nd}^2}/\Delta \tag{J.15}$$

$$\tau_{\rm d} \simeq \hbar\Delta/[\pi\epsilon^2\overline{V_{\rm nd}^2}] \propto \epsilon^{-2}, \quad \epsilon > \epsilon_{\rm p} \tag{J.16}$$

我们强调, 与式（J.9）类似, 式（J.14）与式（J.16）的适用范围仍然是时间远小于 $\tau_{\rm E}$.

下一个问题是：在什么条件下, 时间尺度 $\tau_{\rm E}$ 会足够大, 以至于在 $t \ll \tau_{\rm E}$ 的时间范围内有可能发生显著的退相干. 当这种情况发生时, 能量本征态会比它们的叠加态更为鲁棒. 设 $|\mu_{\mathcal{E}}\rangle$ 是 $H_{\mathcal{E}}$ 的一个本征态, 并且 $\langle H_{I,\rm nd}^2\rangle$ 是非对角矩阵元 $\langle\alpha'|\langle\mu'_{\mathcal{E}}|H_I|\mu_{\mathcal{E}}\rangle|\alpha\rangle$ $(\alpha \neq \alpha')$ 的均方. 可以利用费米黄金规则来估计 $\tau_{\rm E}$, 即

$$\tau_{\rm E} \simeq \frac{1}{R} \propto \epsilon^{-2} \tag{J.17}$$

其中

$$R = 2\pi\epsilon^2\rho\langle H_{I,\rm nd}^2\rangle/\hbar \tag{J.18}$$

是费米黄金规则中的跃迁速率, 而在壳态密度 ρ 近似对应于整个系统所有可能终态的平均态密度.

从上面的讨论可以看出, 在微扰边界以下 $(\epsilon < \epsilon_{\rm p})$, 退相干时间 $\tau_{\rm d}$ 与弛豫时间 $\tau_{\rm E}$ 的标度行为分别为 ϵ^{-1} 和 ϵ^{-2}. 因此, 对于足够小的 ϵ, 我们有 $\tau_{\rm d} \ll \tau_{\rm E}$, 这意味着能量本征态是好的特选态, 且与耦合的具体形式无关. 另一方面, 在微扰边界之上, 方程 (J.16) 中的 $\tau_{\rm d}$ 和方程 (J.17) 中的 $\tau_{\rm E}$ 都与 ϵ^{-2} 呈正比, 这意味着能量本征态有可能不是特选态. 特别地, 当 $\epsilon_{\rm p}$ 非常小的时候, 即使在弱扰动下, 上述两个时间尺度也可能是可比较的.

附录 K　Schmidt 分解

设子系统 A 有 (正交归一) 基矢系 $|i\rangle$, 张成希尔伯特空间 $\mathscr{H}_A$, 而子系统 B 有基矢系 $|\alpha\rangle$, 张成希尔伯特空间 $\mathscr{H}_B$. $A+B$ 的总系统的希尔伯特空间是上述两个空间的直

积, $\mathscr{H}=\mathscr{H}_A\otimes\mathscr{H}_B$. 空间 $\mathscr{H}$ 有基矢 $|i\rangle|\alpha\rangle$, 其中的一般态矢量写为

$$|\Psi\rangle=\sum_{i\alpha}C_{\alpha i}|i\rangle|\alpha\rangle \tag{K.1}$$

将上述 $A+B$ 复合系统的一个一般态矢量, 在其子系统的正交基矢上分解展开, 有无穷多种展开方式. 一般情况下, 如在式 (K.1) 中, 有 (N_AN_B) 个不为零的分量. 这里, N_A 与 N_B 分别是子系统 A 与 B 的希尔伯特空间的维数. 为了方便, 我们假设 $N_A\leqslant N_B$.

矢量 $|\Psi\rangle$ 有一个特别的分解, 通常具有最少的展开个数, 称为施密特 (Schmidt) 分解, 这由下述著名的数学定理来保证.

- Schmidt **定理**: 总系统的希尔伯特空间中的任意矢量有如下分解:

$$|\Psi\rangle=\sum_{k=1}^{N_A}d_k|\psi_k\rangle|\varphi_k\rangle \tag{K.2}$$

其中, $|\psi_k\rangle\in\mathscr{H}_A,|\varphi_k\rangle\in\mathscr{H}_B$, 满足

$$\langle\psi_k|\psi_{k'}\rangle=\delta_{kk'},\quad \langle\varphi_k|\varphi_{k'}\rangle=\delta_{kk'} \tag{K.3}$$

且 $d_k\geqslant0$ 唯一确定. 当 d_k 都不相等时, 上述分解唯一确定.

容易计算得

$$\rho^A=\sum_k d_k^2|\psi_k\rangle\langle\psi_k| \tag{K.4}$$

$$\rho^B=\sum_k d_k^2|\varphi_k\rangle\langle\varphi_k| \tag{K.5}$$

因此, A 与 B 两个子系统拥有相同的熵:

$$S_A=S_B=-\sum_k d_k^2\ln d_k^2 \tag{K.6}$$

附录 L Levy 引理

下面是文献 [93] 对 Levy 引理的表述.

设 $f:\mathcal{S}^{D-1}\to R$ 是嵌在 D 维欧氏空间中的 $(D-1)$ 维欧几里得球上的实函数, 具有利普希茨 (Lipschitz) 常数 $\lambda=\sup_{x_1,x_2}|f(x_1)-f(x_2)|/|x_1-x_2|^2$. 那么, 对于均匀随机点 $X\in\mathcal{S}^{D-1}$, 有

$$\Pr_X\{f(X)>\overline{f}+\epsilon\}\leqslant 2\exp\left(-\frac{D\epsilon^2}{9\pi^3\lambda^2}\right) \tag{L.1}$$

附录 M　本征态热化假说的解析基础

本附录的内容来自于本书作者在前几年所写的一个自然科学基金面上项目申请书中的科学意义与现状分析部分. 将其纳入本书, 是因为那里比较详细地介绍了有关 ETH 的国际前沿研究现状并且做了一定的分析, 可能对年轻学者有所助益. 为了内容的完整性与阅读方便, 本附录基本保持了申请书的内容, 部分叙述可能与前面的章节有少许重复.

M.1　热化及本征态热化假设的研究意义, 一般现状的动态分析

热力学的基础之一是热化假设, 即孤立系统最终会自发演化到拥有一定温度的热 (平衡) 态. 在过去的一百多年中, 虽然经过数代优秀物理学家的艰苦努力并取得重要进展, 但是该假设至今仍缺乏第一性的证明和理解. 热化问题的解决会将物理学的两大领域——量子力学与统计热力学——更为紧密地联系起来, 推动对统计物理基础等重要基本问题的研究, 并加深对熵等重要基本概念的理解. 近几十年来, 尤其是进入 21 世纪之后, 随着实验技术的提高, 人们越来越多地深入对介观纳米尺度系统的研究, 并且发现热力学的许多概念在这一尺度上具有很好的适用性. 然而, 随着尺度的进一步减小, 量子涨落效应会越来越大, 使得这些概念的适用性的理论依据变得越来越不确定. 于是, 量子小系统的热化问题进入了更多研究者的视野, 并且得到越来越多的重视. 对该问题的研究, 会推进人们对许多重要问题的理解, 包括量子小系统的功与热量交换过程、量子热机、热电效应、量子电池等等. 近年来, 从实验与理论两个方面对这一问题的研究力度都在不断加大 (见文献 [87-92, 95-97, 119-134]).

事实上，近平衡系统的趋平衡过程已于 20 世纪中叶基本揭示．但是，远离平衡系统是否能够以及如何趋向平衡并最终实现热化，其机制还远未研究清楚．学术界曾经广泛使用主方程作为主要工具来研究热化问题，但是该方法在基本层面遇到了一些难以克服的困难．现在，许多研究者又回归更具整体性与严格性的思路：将被研究系统与其环境看成整体，基于薛定谔方程研究整个系统的演化，从而揭示量子小系统热化的过程、机制以及条件．自 2006 年以来，这一整体性思路取得了下述三个重要进展，并且推动了热化研究的热潮．(1) 利用 Levy 引理可以将冯·诺依曼 [79] 关于状态典型性的观点定量化．尤其是就预言整体系统的小子系统的约化密度矩阵而言，适当的能壳内的典型纯态描述与微正则系综描述几乎等价．[95] 这暗示平衡态与典型态之间可能存在一定紧密的联系．(2) 利用典型态的性质 (尤其是 Levy 引理)，可以进一步推进冯·诺依曼所采用的研究可观测量长时间平均的策略，[91] 并且得到有意义的结果 (文献[79, 93, 95, 135-137])．(3) 本征态热化假设 (eigenstate thermalization hypothesis，简称 ETH)．人们早已认识到混沌现象对于理解热化所具有的重要意义．20 世纪 90 年代，J. M. Deutsch [27] 考虑用随机矩阵描述的互作用而 M. Srednicki [28] 使用半经典理论，先后独立研究了多体量子混沌系统的本征函数，发现它们中的大多数具有类似热化的性质．尤其是，能量接近的本征函数对小子系统的可观测量通常给出十分接近的预言．Srednicki 称此性质为本征态热化．近十多年来，人们在广泛的模型中进行了数值实验，其结果支持 ETH(近期的综述文献见 [87-92, 129-130])．

然而热潮后，人们发现上述进展在解决热化的关键核心问题——动力学机制方面贡献仍然有限．事实上，前两个思路并未直接涉及热化的具体动力学过程，而 ETH 虽然涉及了大系统的能量本征态的性质，但是其现有形式仍有明显不足 (详见下面的分析)．最近几年，越来越多的研究集中于 ETH 所指示的方向，[140–143] 以期对多体量子复杂系统的本征态性质取得更为深入的认识．这也是本项目的研究方向．

M.2 与 ETH 以及半扰动论有关的研究现状

1. ETH 的基本内容及研究现状

如上所述，20 世纪 ETH 沿着两个思路被提出．其中，Deutsch 的出发点适用范围更广，但是数学处理有严重不足．而 Srednicki 的情况却相反．以 Berry 猜想为基础，Srednicki 研究了一个特定的三维硬壳气体模型中的能量本征态的性质．利用半经典理论，他证明大多数能量本征态中的单粒子动量分布为正则分布．[Berry 猜想的基本内容是：在位形空间中，量子混沌系统的 (高激发) 能量本征态在经典能量允许区内的分量

具有一定的高斯无规数特征. 其经典对应系统的特殊动力学行为, 如周期轨道及规则岛会产生适当的修正.[14,21]

后来, Srednicki 提出, 他所给的论证有可能适用于更为一般的量子混沌系统. 他推测 (大多数) 能量本征态具有下述性质：在多体量子混沌系统的能量本征基 $\{|E_i\rangle\}$ 上, 单体可观测量 $\hat{A}$ 的大多数矩阵元有下述表示式：

$$\langle E_i|A|E_j\rangle = \overline{A}(E_i)\delta_{ij} + \mathrm{e}^{-S(E)/2}g(E_i, E_j)R_{ij} \tag{M.1}$$

这里, 所谓"大多数本征态"可做下述理解：在热力学极限下, 违背 ETH 的能量本征态的测度趋于零. 现在, 通常称式 (M.1) 为 ETH 拟设. ETH 的上述表述有时被称为弱 ETH；如果要求所言性质对所有本征态成立, 则称为强 ETH. 由于 $\overline{A}(E)$ 的缓变特性, 式 (M.1) 右侧的对角项 ($i=j$) 的贡献与大系统在窄能量壳内的微正则系综的预言一致, 而其非对角项在热力学极限下趋于零. 这暗示小子系统在热力学极限下具有热态的性质. 前几年, ETH 一词的使用曾经出现过一些混乱.[144–148] 有的研究者根据热化的效果来使用该词, 这样就只关心小子系统在大系统的单个能量本征态上的性质是否接近正则态, 而不关心不同本征态之间的关系.[149–153] 显然, 这一理解的内容少于上述 ETH 拟设.

就深入研究热化的动力学过程这一目的而言, 上述 ETH 拟设的内容有两个明显不足：其一, 它的适用范围与数学基础不很清楚；其二, 它含有两个具体形式未知的函数 (人们推导过关于 $\overline{A}(E)$ 的、十分形式化的半经典表示式). 事实上, 近年的研究工作显示, 这两个函数的具体形式对于描述热化的具体动力学过程十分重要[154–159]. 为了 (在一定程度上) 克服上述弱点, 近十多年来人们进行了广泛的数值实验来检验 ETH 拟设在各种模型中的适用情况, 结果显示它至少在大多数多体量子混沌系统中对局域可观测量成立. 不过, 并没有取得足够细致且确切的分类方法. 在解析研究方面, 迄今进展不大. 一方面, Deutsch 所研究的大系统的哈密顿矩阵并不具有在通常的随机矩阵理论中所使用的对称性, 因此无法使用后者的数学技巧, 而其所遇到的一些数学困难仍然无法克服. 另一方面, Srednicki 的处理在特殊的互作用模型中可以通过直接计算来完成, 但是在较为一般的互作用下直接的解析计算几乎无法进行. 因此, 在 ETH 方向上的进一步的突破需要新的处理方法.

2. 半扰动论作为研究 ETH 拟设的有用工具

本书作者与合作者在过去 20 多年的研究工作中建立并发展了一套半扰动论, 它适合于研究非弱互作用量子系统本征态的结构性性质. (较为详细的讨论见附录 O.) 该理论的基本思想是, 将一个能量本征函数分解为微扰与非微扰两个部分, 前者可以展开为收敛的扰动级数来研究, 而后者需要利用其他方法 (如半经典理论) 来研究.

具体而言, 半扰动论的基本框架主要完成于 20 年前的两项工作:

(1) 推广的布里渊-维格纳扰动级数.[115] 我们于 1998 年证明: 在任意给定基矢上, 任意量子系统的任意一个能量本征态总能够被分解为两个部分, 使得利用其中一个部分可以将另一部分展开成收敛的扰动级数.

(2) 能量本征函数的微扰-非微扰区分解.[116] 当上述分解之前一部分达到最小时, 称之为非微扰区, 而后一部分称为微扰区. 大量数值实验与一定的解析分析显示, 非微扰区通常与波函数的主体区大体重合.

半扰动论针对量子混沌系统的实用性架构, 主要完成于作者等人的下述两项近期工作:

(1) 非微扰区的物理意义.[117] 于 2019 年解析证明: 拥有经典对应的量子系统, 在半经典极限下, 其能量本征态在可积基矢上的非微扰区对应于经典能量允许区.

(2) 量子混沌系统的非微扰区.[118] 于 2018 年在 Berry 猜想的基础上证明: 量子混沌系统的能量本征态在可积基矢上的本征函数, 其非微扰区中的分量具有一定的随机数特征, 并且在重标度 (rescaling) 之后呈现高斯分布.

前述 ETH 拟设表示式 (M.1) 所谈论的是小子系统的可观测量在大系统能量本征态上的矩阵元性质. 这些性质其实来源于大系统能量本征态特定的结构性性质. 半扰动论为研究这类性质提供了一个合适的框架. 为研究 ETH 拟设, 最为合适的基矢是子系统自身能量本征态与其环境的本征态的直积态. 然而, 上面提到的半扰动论的实用性架构所针对的是量子混沌系统在可积基矢上的波函数. 因此, 我们需要进一步发展半扰动论的实用性架构, 使之适合于对 ETH 拟设的研究. 这是我们的主要目的之一. 在弄清楚整个系统在上述直积基矢上的本征函数的结构性性质之后, 就有可能将 ETH 拟设置于更为牢固的基础上, 甚至给出比 ETH 拟设更为深入细致的描述.

附录 N　布里渊-维格纳扰动论

在介绍半扰动论之前, 我们简单介绍布里渊-维格纳扰动论 (简称 BW 扰动论) 的内容. 事实上, 半扰动论中所使用的扰动级数是 BW 扰动级数的推广.

扰动论 (perturbation theory) 是物理学中应用最为广泛的解析方法, 其基本思想是将所要研究的量展开成扰动强度的级数. 设想我们要研究一个其哈密顿量为 H 的系统.

比如，我们已经了解了另外一个哈密顿量为 H_0 的系统，而 H 与 H_0 相差不是很大. 此时，可以假设系统 H 的一些本征态与 H_0 的一些本征态相差也不是很大，于是利用后者来表示前者的话可能不需要很多"力气". 这是扰动论成立的一些背后的思想.

通常，收敛的扰动级数要求较小的扰动强度. 由于这一原因，中文翻译常将扰动论称为微扰论. 这一译名有误导性，因为扰动论其实未必只在弱扰动情况下适用. 事实上，几百年的研究经验告诉我们，在经过适当的处理之后 (比如重整化)，即使是发散的扰动级数仍然可以给出有用的结果.

就研究能量本征态性质而言，最常用的扰动论是瑞利–薛定谔扰动论 (以下简称 RS 扰动论). 它与 BW 扰动论的一个主要区别在扰动级数项中的分母上：前者仅仅使用未扰动能量，而后者还使用了前阶近似的扰动能量. 近二十多年来，在原子分子以及化学物理等领域，人们重新对 BW 扰动论感兴趣，并且发现该扰动论对本征能量的计算有时比 RS 扰动论的效果更好.[114] 上述两种扰动论都是利用波函数的一个大分量来展开其他分量，而该大分量的绝对值可以由归一化条件来确定.

在扰动级数所使用的策略中，有两个最为常用. 其一，是将所要研究的量按照扰动强度做级数展开 (比如泰勒展开)，然后代入该量所满足的方程，从而求得一定的递推关系，比如常用的 RS 扰动论. 其二，是先推导出一个利用该量来表示自己的方程，然后进行迭代，得到扰动级数，比如下面讨论的 BW 扰动论.

具体而言，考虑一个任意的未扰动哈密顿量 H_0，一个任意扰动 V，一个可调参数 λ，并且由它们构造一个被扰动哈密顿量 H，则

$$H = H_0 + \lambda V \tag{N.1}$$

我们记 H_0 的本征态与本征值分别为 $|k\rangle$ 与 E_k^0，而 H 的本征态与本征值分别为 $|\alpha\rangle$ 与 E_α，它们满足下列方程：

$$H_0 = E_k^0|k\rangle \tag{N.2}$$

$$H|\alpha\rangle = E_\alpha|\alpha\rangle \tag{N.3}$$

为了得到本征态 $|\alpha\rangle$ 的扰动展开，我们将定态薛定谔方程 (N.3) 写成下述形式：

$$\lambda V|\alpha\rangle = (E_\alpha - H_0)|\alpha\rangle \tag{N.4}$$

如果希望研究 $|\alpha\rangle$ 相对于态 $|k\rangle$ 的展开，我们将它写为

$$|\alpha\rangle = |k\rangle + |f(\lambda)\rangle \tag{N.5}$$

其中

$$\langle k|f(\lambda)\rangle = 0 \tag{N.6}$$

为了方便, 通常将态 $|k\rangle$ 归一化, 而 $|\alpha\rangle$ 未必归一化.

引入投影算符

$$P=|k\rangle\langle k|,\quad Q=1-P \tag{N.7}$$

可见, $Q|\alpha\rangle=|f(\lambda)\rangle$, $QH_0=H_0Q$. 将算符 Q 作用于式 (N.4) 的两侧, 得到

$$Q\lambda V|\alpha\rangle=Q(E_\alpha-H_0)|\alpha\rangle=(E_\alpha-H_0)|f(\lambda)\rangle \tag{N.8}$$

这给出

$$|f(\lambda)\rangle=\frac{1}{E_\alpha-H_0}Q\lambda V|\alpha\rangle \tag{N.9}$$

代入式 (N.5), 得到态 $|\alpha\rangle$ 所需满足的一个关系式

$$|\alpha\rangle=|k\rangle+\frac{1}{E_\alpha-H_0}Q\lambda V|\alpha\rangle \tag{N.10}$$

而将左矢 $\langle k|$ 作用于式 (N.3), 得到

$$E_\alpha=E_k^0+\lambda\langle k|V|\alpha\rangle \tag{N.11}$$

上面得到的两个关系式 (N.10) 与 (N.11) 可以用来对本征态 $|\alpha\rangle$ 做迭代展开. 我们用 $|\alpha^{(n)}\rangle$ 与 $E_\alpha^{(n)}$ 来表示 $|\alpha\rangle$ 与 E_α 的 n 阶展开项:

$$|\alpha\rangle=\sum_n|\alpha^{(n)}\rangle \tag{N.12}$$

$$E_\alpha=\sum_n E_\alpha^{(n)} \tag{N.13}$$

取零阶近似为 $|\alpha^{(0)}\rangle=|k\rangle$, $E_\alpha^{(0)}=E_k^{(0)}$, 代入上述迭代式可以得到一阶近似

$$E_\alpha^{(1)}=\lambda\langle k|V|k\rangle \tag{N.14}$$

$$|\alpha^{(1)}\rangle=\frac{1}{E_\alpha^{(1)}-H_0}Q\lambda V|k\rangle \tag{N.15}$$

这样迭代下去就得到了 BW 扰动展开.

附录 O 半扰动论

将被扰动系统的能量本征态在未扰动基矢上展开, 所得到的波函数在大多数情况下含有多于一个的大分量. 此时, 普通扰动论中的扰动级数常常给出发散的结果. 我们介

绍一个理论, 它将扰动论思想与其他解析技巧相结合, 可以用于研究任意扰动强度下系统的本征态的结构性质, 我们称之为半扰动论.

半扰动论的基本思想是将一个本征函数分为两个部分, 利用其中之一来将另一部分展开为收敛的扰动级数. 该扰动级数具有 BW 扰动级数的特征, 因此被称为推广的 BW 扰动展开.[115] 该理论的一个优点是, 不论扰动多强, 都可以对本征函数进行上述分解与展开. 不过, 该优点有个代价: 当本征函数的非级数展开部分含有多于一个分量的时候, 归一化条件不足以基本确定该本征函数, 从而无法直接确定能量本征值与整个本征函数.

我们仍然考虑式 (N.1) 中的被扰动与未扰动哈密顿量, 并且使用相同的本征解记号. 为了讨论简便, 我们假设系统 H 拥有一个有限的希尔伯特空间. 本征函数的分量记为 $C_{\alpha k} = \langle k|\alpha\rangle$. 为了讨论方便, 我们假设被扰动与未扰动能谱没有任何重叠, 即 $E_k^0 \neq E_\alpha$, $\forall k, \alpha$. 在实际应用中, 为了方便, 可以假设扰动项 V 在 H_0 基上的对角元都为零, 即 $V_{kk} = 0$ 对所有的 $|k\rangle$ 成立, 这里, $V_{kk} = \langle k|V|k\rangle$. ①

半扰动论的出发点是, 针对某被扰动态 $|\alpha\rangle$, 将未扰动态 $|k\rangle$ 的集合分为两个子集, 记为 S 与 $\overline{S}$, 希尔伯特空间 $\mathscr{H}$ 的相应子空间记为 $\mathscr{H}_S$ 与 $\mathscr{H}_{\overline{S}}$, 分别由 $|k\rangle \in S$ 与 $|k\rangle \in \overline{S}$ 所张成. 我们记相应的投影算符为 P_S 与 $Q_{\overline{S}}$, 有

$$P_S = \sum_{|k\rangle \in S} |k\rangle\langle k|, \quad Q_{\overline{S}} = \sum_{|k\rangle \in \overline{S}} |k\rangle\langle k| \tag{O.1}$$

显然, $P_S + Q_{\overline{S}} = 1$, 且 $P_S H_0 = H_0 P_S$. 于是, 我们将状态 $|\alpha\rangle$ 分为两个部分, 即

$$|\alpha\rangle = |\alpha_P\rangle + |\alpha_Q\rangle \tag{O.2}$$

其中, $|\alpha_P\rangle \equiv P_S|\alpha\rangle$, $|\alpha_Q\rangle \equiv Q_{\overline{S}}|\alpha\rangle$.

在式 (N.4) 两边左乘 P_S, 得到 $(E_\alpha - H_0)|\alpha_P\rangle = \lambda P_S V|\alpha\rangle$, 于是

$$|\alpha_P\rangle = T|\alpha\rangle \tag{O.3}$$

其中, T 是如下定义的算符:

$$T = \frac{1}{E_\alpha - H_0}\lambda P_S V \tag{O.4}$$

将式 (O.2) 代入式 (O.3) 的右侧; 并且注意到 $T = P_S T$ 与 $|\alpha_P\rangle = P_S|\alpha_P\rangle$, 可以将 $|\alpha_P\rangle$ 写为如下形式:

$$|\alpha_P\rangle = T|\alpha_Q\rangle + W_S|\alpha_P\rangle \tag{O.5}$$

---

① 事实上, 如果某些 $V_{kk} \neq 0$, 在保证整个哈密顿量不变的条件下, 可以引入一个新的未扰动哈密顿量 $(H_0 + \lambda\sum_k V_{kk}|k\rangle\langle k|)$ 以及一个新的扰动项 $(\lambda V - \lambda\sum_k V_{kk}|k\rangle\langle k|)$.

其中, W_S 是作用于子空间 $\mathscr{H}_S$ 上的一个算符, 定义为

$$W_S = P_S T P_S \tag{O.6}$$

利用式 (O.5), 我们得到下列迭代展开:

$$|\alpha_P\rangle = \sum_{k=1}^{n-1}(W_S)^{k-1}T|\alpha_Q\rangle + (W_S)^n|\alpha_P\rangle \tag{O.7}$$

或者, 等价地有

$$|\alpha_P\rangle = \sum_{k=1}^{n-1}T^k|\alpha_Q\rangle + (W_S)^n|\alpha_P\rangle \tag{O.8}$$

由式 (O.8) 可以看出, 如果下列条件被满足:

$$\lim_{n\to\infty}\langle\alpha_P|(W_S^\dagger)^n(W_S)^n|\alpha_P\rangle = 0 \tag{O.9}$$

则 $|\alpha_P\rangle$ 有下述收敛的展开级数

$$|\alpha_P\rangle = T|\alpha_Q\rangle + T^2|\alpha_Q\rangle + T^3|\alpha_Q\rangle + \cdots \tag{O.10}$$

式 (O.10) 的右侧有时被称为推广的 BW 扰动展开. 为了使得该展开收敛, 通常而言, 需要 $|\alpha_P\rangle$ 的范围随着 λ 的增加而减小.

在一般的情况下, 矢量 $|\alpha_P\rangle$ 是未知的, 这使得式 (O.9) 右侧其实无法计算. 因此, 在半扰动论中, 通常考虑的是前述扰动展开的一个充分条件, 即

$$\lim_{n\to\infty}(W_S)^n = 0 \tag{O.11}$$

记 W_S 的本征矢为 $|\nu\rangle$, 相应的本征值为 w_ν, 即

$$W_S|\nu\rangle = w_\nu|\nu\rangle \tag{O.12}$$

由于 W_S 不是厄米的, 它的本征矢 $|\nu\rangle$ 未必正交. 容易看出, 条件式 (O.11) 有下述等价形式:

$$|w_\nu| < 1, \quad \forall\ |\nu\rangle \tag{O.13}$$

小结一下, 当条件式 (O.13) 被满足时, 本征态 $|\alpha\rangle$ 的 $|\alpha_P\rangle$ 部分拥有由式 (O.10) 给出的收敛的扰动级数.

能保证式 (O.11) 成立的最小集合 $\overline{S}$, 我们称为本征矢 $|\alpha\rangle$ 的非微扰区, 其所对应的 $|\alpha_Q\rangle$ 为 $|\alpha\rangle$ 的非微扰部分. 相应地, 集合 S 被称为微扰区, 而 $|\alpha_P\rangle$ 为 $|\alpha\rangle$ 的微扰部

分. [116] 求解上面定义的微扰区与非微扰区, 相当于在一个很大的空间中求解极值问题, 这在数学上通常十分困难. 因此, 在对具体问题的研究中, 可以对基矢 $|k\rangle$ 的选取以及集合 S 的形式施加一定的限制以降低数学难度. 虽然这样得到的微扰区比最大者要小一些, 但是相应的扰动级数还是会给出许多有用信息. 对于拥有经典对应系统的量子系统, 可以在半经典极限下证明, 其能量本征态在可积基矢上的非微扰区对应于经典能量允许区. [117] 而且, 在 Berry 猜想的基础上可以证明, 量子混沌系统能量本征态在可积基矢上的本征函数, 其非微扰区中的分量具有一定的随机数特征, 并且在重标度之后呈现高斯分布. [118]

参考文献

[1] Haake F. Quantum signatures of chaos[M]. 3rd ed. Berlin:Springer-Verlag, 2010.

[2] 顾雁. 量子混沌[M]. 上海：上海科技教育出版社, 1996.

[3] Gutzwiller M C. Chaos in classical and quantum mechanics[M]. New York: Springer, 1990.

[4] Stöckmann H-J. Quantum chaos: An introduction[M]. Cambridge: Cambridge University Press, 1999.

[5] Berry M V, Tabor M. Level clustering in the regular spectrum[J]. Proc. R. Soc. London: Ser. A, 1977, 356: 375.

[6] Bohigas O, Giannoni M J, Schmit C. Characterization of chaotic quantum spectra and universality of level fluctuation laws[J]. Phys. Rev. Lett., 1984, 52: 1.

[7] Casati G, Valz-Gris F, Guarnieri I. On the connection between quantization of nonintegrable systems and statistical theory of spectra[J]. Nuovo Cimento, 1980, 28: 279.

[8] Berry M V. Semiclassical theory of spectral rigidity[J]. Proc. R. Soc. London: Ser. A, 1985,

400：229.

[9] Sieber M, Richter K. Correlations between periodic orbits and their role in spectral statistics [J]. Phys. Scr., 2001, 128: T90; Sieber M. Leading off-diagonal approximation for the spectral form factor for uniformly hyperbolic systems[J]. J. Phys. A, 2002, 35: L613.

[10] Heusler S, Müller S, Braun P, et al. Universal spectral form factor for chaotic dynamics[J]. J. Phys. A, 2004, 37: L31; Müller S, Heusler S, Braun P, et al. Semiclassical foundation of universality in quantum chaos[J]. Phys. Rev. Lett., 2004, 93: 014103.

[11] Berry M V. Regular and irregular semiclassical wavefunctions[J]. J. Phys. A: Math. Gen., 1977, 10: 2083.

[12] Li B, Robnik M. Statistical properties of high-lying chaotic eigenstates[J]. J. Phys. A, 1994, 27: 5509; Li B, Robnik M. Geometry of high-lying eigenfunctions in a plane billiard system having mixed-type classical dynamics[J]. 1995, 28: 2799.

[13] Kudrolli A, Kidambi V, Sridhar S. Experimental studies of chaos and localization in quantum wave functions[J]. Phys. Rev. Lett., 1995, 75: 822.

[14] Heller E J. Bound-state eigenfunctions of classically chaotic Hamiltonian systems: Scars of periodic orbits[J]. Phys. Rev. Lett., 1984, 53: 1515.

[15] O'Connor P, Gehlen J, Heller E J. Properties of random superpositions of plane waves[J]. Phys. Rev. Lett., 1987, 58: 1296.

[16] Srednicki M. Gaussian random eigenfunctions and spatial correlations in quantum dots[J]. Phys. Rev. E, 1996, 54: 954.

[17] Hortikar S, Srednicki M. Random matrix elements and eigenfunctions in chaotic systems[J]. Phys. Rev. E, 1998, 57: 7313.

[18] Bies W E, Kaplan L, Haggerty M R, et al. Localization of eigenfunctions in the stadium billiard [J]. Phys. Rev. E, 2001, 63: 066214.

[19] Bäcker A, Schubert R. Autocorrelation function of eigenstates in chaotic and mixed systems [J]. J. Phys. A: Math. Gen., 2002, 35: 539.

[20] Urbina J D, Richter K. Supporting random wave models: a quantum mechanical approach[J]. J. Phys. A: Math. Gen., 2003, 36: L495; Semiclassical construction of random wave functions for confined systems[J]. Phys. Rev. E, 2004, 70: 015201; Statistical description of eigenfunctions in chaotic and weakly disordered systems beyond universality[J]. Phys. Rev. Lett., 2006, 97: 214101.

[21] Kaplan L. Correlation function bootstrapping in quantum chaotic systems[J]. Phys. Rev. E, 2005, 71: 056212.

[22] Meredith D C, Koonin S E, Zirnbauer M R. Quantum chaos in a schematic shell model[J]. Phys. Rev. A, 1988, 37: 3499.

[23] Benet L, Flores J, Hernandez-Saldana H, et al. Fluctuations of wavefunctions about their classical average[J]. J. Phys. A: Math. Gen., 2003, 36: 1289.

[24] Wang J-Z, Wang W-G. Characterization of random features of chaotic eigenfunctions in unperturbed basis[J]. Phys. Rev. E, 2018, 97: 062219.

[25] Wang J-Z, Wang W-G. Correlations in eigenfunctions of quantum chaotic systems with sparse Hamiltonian matrices[J]. Phys. Rev. E, 2017, 96: 052221.

[26] Srednicki M. Chaos and quantum thermalization[J]. Phys. Rev. E, 1994, 50: 888.

[27] Deutsch J M. Quantum statistical mechanics in a closed system[J]. Phys. Rev. A, 1991, 43: 2046.

[28] Srednicki M. The approach to thermal equilibrium in quantized chaotic systems[J]. J. Phy. A, 1999, 32: 1163.

[29] Casati G, Chirikov B V, Ford J, et al. Stochastic behavior in classical and quantum Hamiltonian systems (Lecture Notes in Physics Vol. 93)[M]. Berlin: Springer-Verlog, 1979: 334-352.

[30] Casati G, Chirikov B V. Quantum chaos: Between order and disorder[M]. Cambridge: Cambridge University Press, 1994.

[31] Fishman S, Grempel D R, Prange R E. Chaos, quantum recurrences, and Anderson localization[J]. Phys. Rev. Lett. 1982, 49: 509.

[32] Grempel D R, Prange R E, Fishman S. Quantum dynamics of a nonintegrable system[J]. Phys. Rev. A, 1984, 29: 1639.

[33] Li Z-Y, Huang L. Quantization and interference of a quantum billiard with fourfold rotational symmetry[J]. Phys. Rev. E, 2020, 101: 062201; Li Z-Y, Ye L-L, et al. MXene-based hydrogels towards the photothermal applications[J]. J. Phys. D, 2022, 55: 374003.

[34] Peres A. Stability of quantum motion in chaotic and regular systems[J]. Phys. Rev. A, 1984, 30: 1610.

[35] Jalabert R A, Pastawski H M. Environment-independent decoherence rate in classically chaotic systems[J]. Phys. Rev. Lett., 2001, 86: 2490.

[36] Cerruti N R, Tomsovic S. Sensitivity of wave field evolution and manifold stability in chaotic systems[J]. Phys. Rev. Lett., 2002, 88: 054103; ibid. A uniform approximation for the fidelity in chaotic systems[J]. J. Phys. A, 2003, 36: 3451.

[37] Wang W-G, Li B. Uniform semiclassical approach to fidelity decay: From weak to strong perturbation[J]. Phys. Rev. E, 2005, 71: 066203.

[38] Jacquod P, Silvestrov P G, Beenakker C W J. Golden rule decay versus Lyapunov decay of the quantum Loschmidt echo[J]. Phys. Rev. E, 2001, 64: 055203(R).

[39] Cucchietti F M, Lewenkopf C H, Mucciolo E R, et al. Measuring the Lyapunov exponent using quantum mechanics[J]. Phys. Rev. E, 2002, 65: 046209.

[40] Gorin T, Prosen T, Seligman T H, et al. Dynamics of Loschmidt echoes and fidelity decay[J]. Phys. Rep., 2006, 435: 33.

[41] Prosen T, Žnidarič M. Stability of quantum motion and correlation decay[J]. J. Phys. A, 2002, 35: 1455.

[42] Silvestrov P G, Tworzydło J, Beenakker C W J. Hypersensitivity to perturbations of quantum-chaotic wave-packet dynamics[J]. Phys. Rev. E, 2003: 67, 025204(R).

[43] Wang W-G, Casati G, Li B, et al. Uniform semiclassical approach to fidelity decay in the deep Lyapunov regime[J]. Phys. Rev. E, 2005: 71, 037202.

[44] Jacquod P, Adagideli I, Beenakker C W J. Anomalous power law of quantum reversibility for classically regular dynamics[J]. Europhys. Lett. 2003, 61: 729.

[45] Wang W-G, Casati G, Li B. Stability of quantum motion in regular systems: A uniform semiclassical approach[J]. Phys. Rev. E, 2007, 75: 016201.

[46] Wang W-G, Qin P, He L, et al. Semiclassical approach to survival probability at quantum phase transitions[J]. Phys. Rev. E, 2010, 81: 016214.

[47] Zou Z, Wang J. Pseudoclassical dynamics of the kicked top[J]. Entropy, 2022, 24: 1092.

[48] Zou Z, Wang J. A pseudoclassical theory for the wavepacket dynamics of the kicked rotor model[J]. Science China, 2024, 67: 230511.

[49] Wang W-G, Casati G, Li B. Stability of quantum motion: Beyond Fermi-golden-rule and Lyapunov decay [J]. Phys. Rev. E, 2004, 69: 025201(R).

[50] Vanicek J, Heller E. Semiclassical evaluation of quantum fidelity [J]. Phys. Rev. E, 2003, 68: 056208; Vanicek J. Dephasing representation: employing the shadowing theorem to calculate quantum correlation functions[J]. Phys. Rev. E, 2004, 70: 055201(R).

[51] Gutkin B, Waltner D, Gutierrez M, et al. Quantum corrections to fidelity decay in chaotic systems[J]. Phys. Rev. E, 2010, 81: 036222.

[52] Breuer H-P, Petruccione F. The theory of open quantum systems[M]. New York: Oxford University Press, 2002.

[53] Benenti G, Casati G, Rossini D, et al. Principles of quantum computation and information [M]. 2nd ed. Singapore: World Scientific, 2018.

[54] Zeh H D. On the interpretation of measurement in quantum theory[J]. Found. Phys., 1970, 1: 69; ibid. Toward a quantum theory of observation[J]. 1973, 3: 109.

[55] Zurek W H. Pointer basis of quantum apparatus: Into what mixture does the wave packet collapse? [J]. Phys. Rev. D, 1981, 24: 1516.

[56] Zurek W H. Environment-induced superselection rules[J]. Phys. Rev. D, 1982, 26: 1862.

[57] Zurek W H, Habib S, Paz J P. Coherent states via decoherence[J]. Phys. Rev. Lett., 1993, 70: 1187.

[58] Paz J P, Zurek W H. Quantum limit of decoherence: environment induced superselection of energy eigenstates[J]. Phys. Rev. Lett., 1999, 82: 5181.

[59] Diosi L, Kiefer C. Robustness and diffusion of pointer states[J]. Phys. Rev. Lett., 2000, 85: 3552.

[60] Braun D, Haake F, Strunz W T. Universality of Decoherence[J]. Phys. Rev. Lett., 2001, 86: 2913.

[61] Wang W-G, He L, Gong J. Preferred states of decoherence under intermediate system-environment coupling[J]. Phys. Rev. Lett., 2012, 108: 070403.

[62] Zurek W H. Decoherence, einselection, and the quantum origins of the classical[J]. Rev. Mod. Phys., 2003, 75: 715.

[63] Joos E, Zeh H D, Kiefer C, et al. Decoherence and the appearance of a classical world in quantum theory[M]. 2nd ed. Berlin: Springer, 2003.

[64] Schlosshauer M. Decoherence, the measurement problem, and interpretations of quantum mechanics[J]. Rev. Mod. Phys., 2005, 76: 1267.

[65] Lee C K, Cao J-S, Gong J-B. Noncanonical statistics of a spin-boson model: Theory and exact Monte Carlo simulations[J]. Phys. Rev. E, 2012, 86: 021109.

[66] Addis C, Brebner G, Haikka P, et al. Coherence trapping and information backflow in dephasing qubits[J]. Phys. Rev. A, 2014, 89: 024101.

[67] Roszak K, Filip R, Novotný T. Decoherence control by quantum decoherence itself[J]. Scientific reports, 2015, 5: 9796.

[68] Zhang Y-J, Han W, Xia Y-J, et al. Role of initial system-bath correlation on coherence trapping[J]. Scientific reports, 2015, 5: 13359.

[69] Cakmak B, Manatuly A, Müstecaplıoğlu Ö E. Thermal production, protection, and heat exchange of quantum coherences[J]. Phys. Rev. A, 2017, 96: 032117.

[70] Guarnieri G, Kolar M, Filip R. Steady-state coherences by composite system-bath interactions[J]. Phys. Rev. Lett., 2018, 121: 070401.

[71] Gorin T, Prosen T, Seligman T H, et al. Connection between decoherence and fidelity decay in echo dynamics[J]. Phys. Rev. A, 2004, 70: 042105.

[72] Quan H T, et al. Decay of Loschmidt echo enhanced by quantum criticality[J]. Phys. Rev. Lett., 2006, 96: 140604.

[73] Rossini D, Benenti G, Casati G. Conservative chaotic map as a model of quantum many-body environment[J]. Phys. Rev. E, 2006, 74: 036209.

[74] Wang W-G, Gong J B, Casati G, et al. Entanglement-induced decoherence and energy eigenstates[J]. Phys. Rev. A, 2008, 77: 012108.

[75] Eisert J. Exact decoherence to pointer states in free open quantum systems is universal[J].

Phys. Rev. Lett., 2004, 92: 210401.

[76] Gu Y. Steady states of quantum Brownian motion and decomposition of quantum states into ensembles of Gaussian packets having a uniform position variance[J]. Phys. Scr., 2019, 94: 115205.

[77] Yan H, Wang J, Wang W-g. Preferred basis of states derived from the eigenstate thermalization hypothesis[J]. Phys. Rev. A, 2022, 106: 042219.

[78] Schrödinger E. Statistical Thermodynamics[M]. Cambridge: Cambridge University Press, 1952.

[79] Neumann J V. Zeitschrift für Physik, 1929, 57: 30. English translation by R. Tumulka. Proof of the ergodic theorem and the H-Theorem in quantum mechanics[J]. The European Physical Journal H, 2010, 35: 201.

[80] Landau L D, Lifshitz E M. Statistical Physics: part I[M]. Oxford: Butterworth-Heinemann, 1980: section 28 in chapter III.

[81] Goldstein S, Huse D A, Lebowitz J L, et al. Thermal equilibrium of a macroscopic quantum system in a pure state[J]. Phys. Rev. Lett., 2015, 115: 100402.

[82] Wang W-G. Statistical description of small quantum systems beyond the weak-coupling limit [J]. Phys. Rev. E, 2012, 86: 011115.

[83] Riera A, Gogolin C, Eisert J. Thermalization in nature and on a quantum computer[J]. Phys. Rev. Lett., 2012, 108: 080402.

[84] He L, Wang W-G. Statistically preferred basis of an open quantum system: its relation to the eigenbasis of a renormalized self-Hamiltonian[J]. Phys. Rev. E, 2014, 89: 022125.

[85] Lee C K, Cao J-S, Gong J-B. Noncanonical statistics of a spin-boson model: Theory and exact Monte Carlo simulations[J]. Phys. Rev. E, 2012, 86: 021109.

[86] Xu D Z, Sheng-Wen Li, Liu X F, et al. Noncanonical statistics of a finite quantum system with non-negligible system-bath coupling[J]. Phys. Rev. E, 2014, 90: 062125.

[87] Eisert J, Friesdorf M, Gogolin C. Quantum many-body systems out of equilibrium[J]. Nat. Phys., 2015, 11: 124.

[88] Tasaki H. Typicality of thermal equilibrium and thermalization in isolated macroscopic quantum systems[J]. J. Stat. Phys., 2016, 163: 937.

[89] Gogolin C, Eisert J. Equilibration, thermalisation, and the emergence of statistical mechanics in closed quantum systems[J]. Rep. Prog. Phys., 2016, 79: 056001.

[90] Mori T, Ikeda T N, Kaminishi E, et al. Thermalization and prethermalization in isolated quantum systems: A theoretical overview[J]. J. Phys. B, 2018, 51: 112001.

[91] D'Alessio L, Kafri Y, Polkovnikov A, et al. From quantum chaos and eigenstate thermalization to statistical mechanics and thermodynamics[J]. Advances in Physics, 2016, 65: 239.

[92] Deutsch J M. Eigenstate thermalization hypothesis[J]. Rep. Prog. Phys., 2018, 81: 082001.

[93] Linden N, Popescu S, Short A J. Quantum mechanical evolution towards thermal equilibrium[J]. Phys. Rev. E, 2009, 79: 061103.

[94] Milman V, Schechtman G. Asymptotic theory of finite dimensional normed spaces[M]. 2nd ed. Berlin: Springer-Verlag, 2001.

[95] Popescu S, Short A J, Winter A. Entanglement and the foundations of statistical mechanics [J]. Nature Physics, 2006, 2: 754-758.

[96] Goldstein S, Lebowitz J L, Tumulka R, et al. Canonical typicality[J]. Phys. Rev. Lett., 2006, 96: 050403.

[97] Reimann P. Foundation of statistical mechanics under experimentally realistic conditions[J]. Phys. Rev. Lett., 2008, 101: 190403.

[98] Srednicki M J. Thermal fluctuations in quantized chaotic systems[J]. Phys. A, 1996, 29: L75.

[99] Wang W-G. Semiclassical proof of the many-body eigenstate thermalization hypothesis[J]. arXiv: 2210.13183.

[100] Hilbert S, Hanggi P, Dunkel J. Thermodynamic laws in isolated systems[J]. Phys. Rev. E, 2014, 90: 062116.

[101] Wang J-Z, Wang W-G. Internal temperature of quantum chaotic systems at the nanoscale[J]. Phys. Rev. E, 2017, 96: 032207.

[102] Kurchan J. A quantum fluctuation theorem[J]. arXiv: cond-mat/0007360.

[103] Talkner P, Lutz E, Hänggi P. Fluctuation theorems: Work is not an observable[J]. Phys. Rev. E, 2007, 75: 050102.

[104] Tasaki H. Jarzynski relations for quantum systems and some applications[J]. arXiv: cond-mat/0009244.

[105] Talkner P, Hänggi P. Aspects of quantum work[J]. Phys. Rev. E, 2016, 93: 022131.

[106] Deng J W, Jaramillo Juan D, Hanggi P, et al. Deformed Jarzynski equality[J]. Entropy, 2017, 19: 419.

[107] Jarzynski C, Quan H T, Rahav S. Quantum-classical correspondence principle for work distributions[J]. Phys. Rev. X, 2015, 51: 031038.

[108] Zhu L, Gong Z, Wu B, et al. Quantum-classical correspondence principle for work distributions in a chaotic system[J]. Phys. Rev. E, 2016, 93: 062108.

[109] Wang Q, Quan H T. Understanding quantum work in a quantum many-body system[J]. Phys. Rev. E, 2017, 95: 032113.

[110] Jarzynski C. Nonequilibrium equality for free energy differences[J]. Phys. Rev. Lett., 1997, 78: 2690.

[111] Kammerlander P, Anders J. Coherence and measurement in quantum thermodynamics[J].

Sci. Reports, 2016, 6: 22174.

[112] Smith A, et al. Verification of the quantum nonequilibrium work relation in the presence of decoherence[J]. arXiv: 1708.01495.

[113] Wang W-G. Decoherence approach to energy transfer and work done by slowly driven systems [J]. Phys. Rev. E, 2018, 97: 012128.

[114] Hubač I, Wilson S. Brillouin-Wigner Methodsfor Many-body Systems [J]. Heidelberg: Springer, 2010.

[115] Wang W-G, Izrailev F M, Casati G. Structure of eigenstates and local spectral density of states: A three-orbital schematic shell model[J]. Phys. Rev. E, 1998, 57: 323.

[116] Wang W-G. Perturbative and nonperturbative parts of eigenstates and local spectral density of states: the Wigner-band random-matrix model[J]. Phys. Rev. E, 2000, 61: 952; Wang W-G Nonperturbative and perturbative parts of energy eigenfunctions: a three-orbital schematic shell model[J]. Phys. Rev. E, 2002, 65: 036219.

[117] Wang J-Z, Wang W-G. Convergent perturbation expansion of energy eigenfunctions on unperturbed basis states in classically-forbidden regions[J]. J. Phys. A, 2019, 52: 235204.

[118] Wang J-Z, Wang W-G. Characterization of random features of chaotic eigenfunctions in unperturbed basis[J]. Phys. Rev. E, 2018, 97: 062219.

[119] Gemmer J, Michel M, Mahler G. Quantum thermodynamics (Lecture Notes in Physics Vol. 784)[M]. Berlin: Springer, 2009.

[120] Binder F, Correa L A, Gogolin C, et al. Thermodynamics in the quantum regime (Fundamental Theories of Physics Vol. 195)[M]. Berlin: Springer, 2018.

[121] Rigol M, Dunjko V, Olshanii M. Thermalization and its mechanism for generic isolated quantum systems[J]. Nature, 2008, 452: 854.

[122] Kinoshita T, Wenger T, Weiss D S. A quantum Newton's cradle[J]. Nature, 2006, 440: 900.

[123] Sadler L E, Higbie J M, Leslie S R, et al. Spontaneous symmetry breaking in a quenched ferromagnetic spinor Bose-Einstein condensate[J]. Nature, 2006, 443: 312.

[124] Hofferberth S, Lesanovsky I, Fischer B, et al. Non-equilibrium coherence dynamics in one-dimensional Bose gases[J]. Nature, 2007, 449: 324.

[125] Hung C-L, Zhang X B, Gemelke N, et al. Slow mass transport and statistical evolution of an atomic gas across the superfluid-mott-insulator transition[J]. Phys. Rev. Lett., 2010, 104: 160403.

[126] Trotzky S, Chen Y-A, Flesch A, et al. Probing the relaxation towards equilibrium in an isolated strongly correlated one-dimensional Bose gas[J]. Nature Phys., 2012, 8: 1.

[127] Gring M, et al. Relaxation and prethermalization in an isolated quantum system[J]. Science, 2012, 337: 1318-1322.

[128] Langen T, Geiger R, Kuhnert M, et al. Local emergence of thermal correlations in an isolated quantum many-body system[J]. Nature Phys., 2013, 9: 640.

[129] Nandkishore R, Huse D A. Many-body localization and thermalization in quantum statistical mechanics[J]. Annu. Rev. Condens. Matter Phys., 2015, 6: 15.

[130] Borgonovi F, Izrailev F M, Santos L F, et al. Quantum chaos and thermalization in isolated systems of interacting particles[J]. Phys. Rep., 2016, 626: 1-58.

[131] Benenti G, Casati G, Saito K, et al. Fundamental aspects of steady-state conversion of heat to work at the nanoscale[J]. Phys. Rep., 2017, 694: 1-124.

[132] Goold J, Huber M, Riera A L, et al. The role of quantum information in thermodynamics: a topical review[J]. J. Phys. A., 2016, 49: 143001.

[133] Uzdin R, Levy A, Kosloff R. Equivalence of quantum heat machines, and quantum-thermodynamic signatures[J]. Phys. Rev. X, 2015, 5: 031044.

[134] Ono K, Shevchenko S, Mori T, et al. Analog of a quantum heat engine using a single-spin qubit[J]. Phys. Rev. Lett., 2020, 125: 166802.

[135] Tasaki H. From quantum dynamics to the canonical distribution: general picture and a rigorous example[J]. Phys. Rev. Lett., 1998, 80: 1373.

[136] Short A J. Equilibration of quantum systems and subsystems[J]. New J. Phys. 2011, 13: 053009; Short A J, Farrelly T C. Quantum equilibration in finite time[J]. ibid., 2012, 14: 013063.

[137] Reimann P, Kastner M. Equilibration of isolated macroscopic quantum systems[J]. New J. Phys., 2012, 14: 043020.

[138] Malabarba S L, et al. Quantum systems equilibrate rapidly for most observables[J]. Phys. Rev. E, 2014, 90: 012121.

[139] Zhang W X, Sun C P, Nori F. Equivalence condition for the canonical and microcanonical ensembles in coupled spin systems[J]. Phys. Rev. E, 2010, 82: 041127.

[140] Steinigeweg R, Khodja A, NiemeyerH, et al. Pushing the limits of the eigenstate thermalization hypothesis towards mesoscopic quantum systems[J]. Phys. Rev. Lett., 2014, 112: 130403.

[141] LeBlond T, Sels D, Polkovnikov A, et al. Universality in the onset of quantum chaos in many-body systems[J]. Phys. Rev. B, 2021, 104: L201117.

[142] Brenes M, Goold J, Rigol M. Low-frequency behavior of off-diagonal matrix elements in the integrable XXZ chain and in a locally perturbed quantum-chaotic XXZ chain[J]. Phys. Rev. B, 2020, 102: 075127.

[143] Richter J, Dymarsky A, Steinigeweg R, et al. Eigenstate thermalization hypothesis beyond standard indicators: emergence of random-matrix behavior at small frequencies[J]. Phys.

Rev. E, 2020, 102: 042127.
[144] Shiraishi N, Mori T. Systematic construction of counterexamples to the eigenstate thermalization hypothesis[J]. Phys. Rev. Lett., 2017, 119: 030601.
[145] Mondaini R, Mallayya K, Santos L F, et al. Comment on "systematic construction of counterexamples to the eigenstate thermalization hypothesis"[J]. Phys. Rev. Lett., 2018, 121: 038901.
[146] Shiraishi N, Mori T. Shiraishi and Mori reply[J]. Phys. Rev. Lett., 2018, 121: 038902.
[147] Biroli G, Kollath C, Laeuchli A M. Effect of rare fluctuations on the thermalization of isolated quantum systems[J]. Phys. Rev. Lett., 2010, 105: 250401.
[148] Anza F, Gogolin C, Huber M. Eigenstate thermalization for degenerate observables[J]. Phys. Rev. Lett., 2018, 120: 150603.
[149] Rigol M, Srednicki M. Alternatives to eigenstate thermalization[J]. Phys. Rev. Lett., 2012, 108: 110601.
[150] De Palma G, Serafini A, Giovannetti V, et al. Necessity of eigenstate thermalization[J]. Phys. Rev. Lett., 2015, 115: 220401.
[151] Müller M P, Adlam E, Masanes L, et al. Thermalization and canonical typicality in translation-invariant quantum lattice systems[J]. Comm. Math. Phys., 2015, 340: 499.
[152] Kim H, Ikeda T N, Huse D A. Testing whether all eigenstates obey the eigenstate thermalization hypothesis[J]. Phys. Rev. E, 2014, 90: 052105.
[153] Polkovnikov A, Sengupta K, Silva A, et al. Colloquium: Nonequilibrium dynamics of closed interacting quantum systems[J]. Rev. Modern Phys., 2011, 83: 863.
[154] Khatami E, Pupillo G, Srednicki M, et al. Fluctuation-dissipation theorem in an isolated system of quantum dipolar bosons after a quench[J]. Phys. Rev. Lett., 2013, 111: 050403.
[155] Luitz D J, Lev Y B. Anomalous thermalization in ergodic systems[J]. Phys. Rev. Lett., 2016, 117: 170404.
[156] Murthy C, Srednicki M. Bounds on chaos from the eigenstate thermalization hypothesis[J]. Phys. Rev. Lett., 2019, 123: 230606.
[157] Pandey M, Claeys P W, Campbell D K, et al. Adiabatic eigenstate deformations as a sensitive probe for quantum chaos[J]. Phys. Rev. X, 2020, 10: 041017.
[158] Dymarsky A. Mechanism of macroscopic equilibration of isolated quantum systems[J]. Phys. Rev. B, 2019, 99: 224302.
[159] De Roeck W, Huveneers F. Stability and instability towards delocalization in many-body localization systems[J]. Phys. Rev. B, 2017, 95: 155129.

量子科学出版工程

量子飞跃:从量子基础到量子信息科技/ 陈宇翱　潘建伟
量子物理若干基本问题 / 汪克林　曹则贤
量子计算:基于半导体量子点 / 王取泉　等
量子光学:从半经典到量子化 / (法)格林贝格　乔从丰　等
量子色动力学及其应用 / 何汉新
量子系统控制理论与方法 / 丛爽　匡森
量子机器学习 / 孙翼　王安民　张鹏飞
量子光场的衰减和扩散 / 范洪义　胡利云
编程宇宙:量子计算机科学家解读宇宙 / (美)劳埃德　张文卓
量子物理学. 上册:从基础到对称性和微扰论 / (美)捷列文斯基　丁亦兵　等
量子物理学. 下册:从时间相关动力学到多体物理和量子混沌 / (美)捷列文斯基　丁亦兵　等
世纪幽灵:走进量子纠缠(第 2 版) / 张天蓉

量子力学讲义 / (美)温伯格　张礼　等
量子导航定位系统 / 丛爽　王海涛　陈鼎
光子-强子相互作用 / (美)费曼　王群　等
基本过程理论 / (美)费曼　肖志广　等
量子力学算符排序与积分新论 / 范洪义　等
基于光子产生-湮灭机制的量子力学引论 / 范洪义　等
抚今追昔话量子 / 范洪义

果壳中的量子场论 /（美）徐一鸿(A. Zee)　张建东　等
量子信息简话:给所有人的新科技革命读本 / 袁岚峰
量子系统格林函数法的理论与应用 / 王怀玉

量子金融:不确定性市场原理、机制和算法 / 辛厚文　辛立志
量子计算原理与实践 / 曾蓓　鲁大为　冯冠儒
量子与心智:联系量子力学与意识的尝试 /（美）德巴罗斯　刘桑　等
量子控制系统设计 / 丛爽　双丰　吴热冰
量子状态的估计和滤波及其优化算法 / 丛爽　李克之
量子统计力学新论:算符正态分布、Wigner 分布和广义玻色分布 / 范洪义　吴泽
介观电路中的量子纠缠、热真空和热力学性质 / 范洪义　吴泽　范悦
量子场论导引 / 阮图南
幺正对称性和介子、重子波函数 / 阮图南
量子色动力学相变 / 张昭

量子物理的非微扰理论 / 汪克林　高先龙
不确定性决策的量子理论与算法 / 辛立志　辛厚文
量子理论一致性问题 / 汪克林
量子系统建模、特性分析与控制/ 丛爽
基于量子计算的量子密码协议/ 石金晶
量子工程学:量子相干结构的理论和设计/（英）扎戈斯金　金贻荣
量子信息物理/（奥）蔡林格　柳必恒　等